予備校のノリで学ぶ
大学数学

ヨビノリ たくみ 著

ハマるポイントを徹底解説

テイラー展開
ε-δ論法
立体角
フーリエ変換
div
rot
grad
双曲線関数
単射・全射・全単射
δ関数
3次元極座標
最小二乗法
ベクトル空間
逆三角関数
群論
中心極限定理
ガウス積分

$$\int_{\varphi_1}^{\varphi_2}\int_{\theta_1}^{\theta_2}\sin\theta \cdot d\theta d\varphi = (\varphi_2 - \varphi_1)(\cos\theta_1 - \cos\theta_2)$$

$$f(x) = f(a) + f'(a)(x-a) + \frac{1}{2!}f''(a)(x-a)^2 + \frac{1}{3!}f'''(a)(x-a)^3 + \cdots$$

$$\sin x = x - \frac{1}{3!}x^3 + \frac{1}{5!}x^5 + \cdots \qquad e^{i\theta} = \cos\theta + i\sin\theta$$

$$\operatorname{rot} V = \left(\frac{\partial V_z}{\partial y} - \frac{\partial V_y}{\partial z}, \frac{\partial V_x}{\partial z} - \frac{\partial V_z}{\partial x}, \frac{\partial V_y}{\partial x} - \frac{\partial V_x}{\partial y}\right) \qquad a\left(\frac{\sum_i x_i^2}{n} - \bar{x}\frac{\sum_i x_i}{n}\right) = \frac{\sum_i x_i y_i}{n} - \bar{y}\frac{\sum_i x_i}{n}$$

$$\int \frac{1}{\sqrt{1-x^2}}dx = \arcsin x + C \qquad \sinh x = \frac{e^x - e^{-x}}{2}$$

東京図書

Ⓡ〈日本複製権センター委託出版物〉
本書を無断で複写複製（コピー）することは、著作権法上の例外を除き、禁じられています。本書をコピーされる場合は、事前に日本複製権センター（電話：03-3401-2382）の許諾を受けてください。

まえがき

「理系大学生の理系離れを防ぎたい」

　2年前、そう思ってYouTubeチャンネル『予備校のノリで学ぶ「大学の数学・物理」』をはじめました。数学や物理が楽しい！最先端の学問を学びたい！と目をキラキラさせた高校生が、大学に入学した途端その学問のハードルの高さに目の輝きを失っていく様子をこれまで何度も見てきたので、それをどうにか食い止めたかったのです。

　確かに大学の勉強というのは、これまでの勉強より何百倍も難しいものです。しかし、本当にそれだけのせいでしょうか？私は、別の要因として、「教えるプロ」が教えていないからだと思いました。高校までは塾や予備校、あるいはスマホのアプリなど、教えるプロが作る授業やコンテンツが無数に存在します。しかし大学になった途端、そのようなものが全くなくなってしまうのです。

　6年間、塾や予備校で経験を積んだ自分なら何か変えられるかもしれない。そう思い立ってからというもの、これまでYouTube上で理系大学生向けの授業動画をひたすら作っていきました。この本は、そういった思いでアップされた動画を書籍化したものです。

　書籍には、動画にはない「鷹の目」があると思っています。それはつまり、情報を俯瞰的に見ることができるということです。動画だけでは、「ある場所でつまづいたとき、一旦止めて別の動画を参照する」といった作業が難しく、本ではそういったことが気軽に、かつスピーディに行うことが出来ます。

今回、授業動画を書籍化するにあたって、動画の中で大事にしている「緩めの語り口調」や「ときおり挟むユーモア」などといった、いわゆる「予備校のノリ」をそのまま再現しました。

　いざ動画の中で発信した自分の「ボケ」を再度文字で見るというのは想像を絶する地獄のような作業でしたが、なんとか我慢しました。この点に関して言えば、次は読者の皆さまが我慢する番です(真顔で読み進めてしまって構いません)。

　この本を通じて、一人でも多くの理系大学生の理系離れを防ぐことができるのを心から祈っております。

2019年3月
ヨビノリたくみ

CONTENTS

00	まえがき	
01	テイラー展開の気持ち	002
02	フーリエ変換の気持ち	016
03	δ関数とは何か	028
04	逆三角関数とは何か	036
05	双曲線関数とは何か	050
06	群がどうしてもわからない君へ	064
07	ガウス積分の証明	082
08	ベクトル空間①〜定義を理解する	090
09	ベクトル空間②〜やさしい例	106

10	ベクトル空間③〜難しい例	116
11	単射・全射・全単射	132
12	$\varepsilon\text{-}\delta$論法〜関数の連続性	146
13	最小二乗法とは何か	156
14	中心極限定理の気持ち	168
15	3次元極座標	176
16	立体角	184
17	div（発散）の意味	198
18	grad（勾配）の意味	212
19	rot（回転）の意味	222

解析

講義 No.1

テイラー展開の気持ち
＋高校物理のタネ明かし

はいどうもこんにちは。

理系学部を卒業した人、
どうせ一生読まないくせに
頭が良さそうに見える数学の
本を自宅に飾りがち

　はい、ということで（？）今回の授業は**テイラー展開**についてやっていきたいと思います。テイラー展開って理系の大学生がまずはじめに習うものなんだけど、多くの人がとっても苦労するんだよね。
　今回はそのテイラー展開の気持ち、つまり「感覚」を身につけてもらおうかなと思います。

$(1+x)^\alpha ≒ 1+\alpha x$ など

　突然なんだけど、高校生のとき、物理で謎の近似を使わされてこなかった？　「xの絶対値が1より十分に小さい場合～」とか問題文にかいてあってさ。
　じつはその正体がテイラー展開だった！　っていう話もしていこうかなと思います。

じゃ、まず最初にテイラー展開の式を確認しましょう。こんな感じだったね。

> ▶❚ 関数 $f(x)$ の $x=a$ まわりでのテイラー展開
> $$f(x) = f(a) + f'(a)(x-a) + \frac{1}{2!}f''(a)(x-a)^2 + \frac{1}{3!}f'''(a)(x-a)^3 + \cdots$$

関数 $f(x)$ の $x=a$ まわりでのテイラー展開っていうのは、$f(x)$ イコールホニャララ…って、こういうふうに無数に和が続くんだったね。これ、実はわりと覚えやすい形をしてるんだけど、対応している部分を赤字で表してみるね。

$\frac{1}{2!}$ の場合は、2階微分 $f''(a)$ で $(x-a)^2$ って 2 乗する

$\frac{1}{3!}$ の場合は、3階微分 $f'''(a)$ で $(x-a)^3$ と 3 乗する

っていうふうにね。ここにかいてないけども、$\frac{1}{4!}$ の場合は 4 階微分で 4 乗…って実際は続いていくからね。右辺の第 2 項にある $f'(a)$ だって、係数に $\frac{1}{1!}$ が隠れていると思ったら、1 階微分 $f'(a)$ で、$(x-a)^1$ って 1 乗が対応してるって考えられるもんね。これが $x=a$ まわりでのテイラー展開だった。

ところで、a が 0 な場合には特別な名前が付いていたんだけど覚えてる？

つまり、「$x=0$ まわり」でのテイラー展開のこと。きっとテイラー展開を習ったときに同時に習ったと思うよ。そう、**マクローリン展開**だったね。

テイラー展開の中でも、$x=0$ まわりのテイラー展開を特別に、マクローリン展開っていうんだ。

> ▶❙❙　$a=0$ のとき、特別にマクローリン展開という

実際に授業を始める前にポイントを確認しておくね。

まず、テイラー展開って何がうれしいか＆何がすごいかっていうと、それは、与えられた複雑な関数を多項式で表すことができるっていうことなんだよね。これが、テイラー展開の一番大きなポイント。

> ここがpoint！
> 複雑な式を多項式で表せる！

実際に、$f(x)$がどんなに複雑でも、xにaを入れてしまえば$f(a)$はただの数だね。$f'(a), f''(a)...$っていうのも同じようにただの数。

$$f(x) = \underset{\text{ただの数}}{f(a)} + \underset{\text{ただの数}}{f'(a)}(x-a) + \frac{1}{2!}\underset{\text{ただの数}}{f''(a)}(x-a)^2$$
$$+ \frac{1}{3!}\underset{\text{ただの数}}{f'''(a)}(x-a)^3 + \cdots$$

例えば
$f(x)=x^2+1$ 関数
$f(2)=5$ ただの数

だから、これは全部、1次、2次、3次…っていうxの多項式になってるんだ。これが実際、物理などで使うときにすごく有効なのね。そういうことも、この授業を最後まで聞いてくれれば、わかってくると思います。

じゃ、次にいきましょう。

実際に具体例をやってみようと思います。

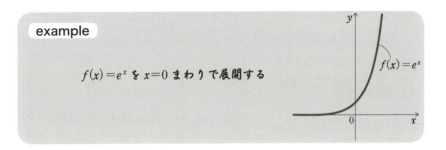

example

$f(x)=e^x$ を $x=0$ まわりで展開する

これは、$f(x)=e^x$ という指数関数を $x=0$ まわりでテイラー展開する、つまり指数関数のマクローリン展開だね。この具体例を通じて、テイラー展開の気持ちを理解しよう。

STEP1 $x=0$ の近くで $f(x)=e^x$ っぽい**一次関数**を見つける。

こういう問題を最初に考えてみようか。
どうやって探していくのかというと、こんなふうに探してみる。

「少なくとも $x=0$ のときに同じ値をもってほしい」

$f(0)=e^0=1$ だ！

例えばいま考えている関数 $f(x)$ に $x=0$ を代入したら $f(0)=1$ になるよね。だから $x=0$ を代入したら 1 になってくれる 1 次関数がいいなって思う。あとは、1 階微分して 0 を入れたときも同じ値になってほしいって思う。つまり $f'(0)=1$ になっていてほしい。

$f'(x)=e^x$ だから
$f'(0)=e^0=1$ だね

そうしたら、これらの情報

$$f(0)=1, \quad f'(0)=1$$

をもとに、「0を入れたら1になって、1階微分の関数にも0を入れたら1になるような1次関数って何だろう？」って考えてみる。そういう関数を$g(x)$とおくことにしよう。

例えばこの関数$g(x)$はどうだろう？

$$g(x)=1+x$$

ほら、これなら$g(0)=1, g'(0)=1$の両方をみたすんじゃない？

だからこういう関数が、実際に0を入れたら1になり、1回微分して0を入れたら1になる一次関数。つまり、0付近で$f(x)$に似ている一次関数。これがどれだけ近いかグラフにかいてみよう。

$f(x)=e^x$と$g(x)=1+x$のグラフを1つの図にのせてみるね。

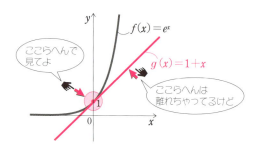

けっこう近くない？

さて、似てる範囲をもうちょっと広げたい。つまり、「近所」をもっと広げたい。その場合どうすればいいと思う？

逆にいえば、何を無視しているから $x=0$ から少し遠ざかるとグラフが離れてしまうんだろう？

曲がり具合 だよね。

さすがに、直線じゃ指数関数みたいな曲線にフィットさせることはできない。だから次に、曲がり具合も似せた関数を考えよう。それがいちばん簡単なのは二次関数じゃないかな？　だから次に、「$x=0$ の近くで $f(x)=e^x$ っぽい二次関数」を見つけようか。

STEP2 $x=0$ の近くで $f(x)=e^x$ っぽい二次関数を見つける。

そうすると、そういう2次関数がみたしていてほしい式は、こんな感じ。

$$f(0)=1, \quad f'(0)=1, \quad f''(0)=1$$

（$f''(x)=e^x$ から $f''(0)=e^0=1$ ということ！）

こういう関係をみたす2次関数が欲しいなと。こんな2次関数 $g(x)$ って何があるかな？　じつは

$$g(x)=1+x+\frac{1}{2}x^2$$

っていうのが上の要望をみたすやつね。

では、確かめてみよう。0を入れたら1だね。1回微分したらどうなる？ $g'(x)=1+x$ だから、0を入れたら1になるよね。そして、もう1回微分したら $g''(x)=1$ になって要請を全部みたしていることがわかる。

実際に、どれぐらい $f(x)$ と近い放物線になったのか確かめるために、関数 $g(x)$ のグラフをかいてみようか。

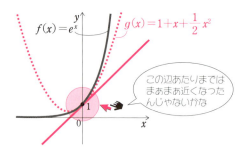

さっきの直線より近くなったね。

こんなふうに次数を増やせば、基本的に指数関数に近い範囲が広がってきそうだね。だからこの二次関数よりも精度をよくしたかったら、三次関数で表してやればいいし、さらによくしたかったら、四次関数、五次関数、六次関数…ってやればよさそうだよね。

今回は指数関数を例として扱ってみたけど、一般にはどういうふうにかけばいいのかっていうのが、このテイラー展開の式なんだ。

$$f(x) = f(a) + \underbrace{f'(a)(x-a) + \frac{1}{2!}f''(a)(x-a)^2 + \cdots + \cdots}_{x に a を入れると全部 0 になる}$$

つまりこの右側の式はね、x に a を入れたときに $f(a)$ になってほしいからこうなってる。実際、x に a を入れると右側の2項目以降は全部0になるね。

さらに、$f(x)$ の1階微分に a を入れたら、$f'(a)$ になってほしいんだったよね。上のテイラー展開の式を1回微分すると、右辺の定数項の $f(a)$ が消えて、$f'(a)$ が残るよね。そうすると

$$f'(x) = 0 + f'(a) + f''(a)(x-a) + \frac{1}{2!}f'''(a)(x-a)^2 + \cdots$$

- $\{f'(a)(x-a)\}' = f'(a)$
- $\{\frac{1}{2!}f''(a)(x-a)^2\}' = f''(a)(x-a)$
- $f(a)$ は定数項。微分して 0
- x に a を入れると全部 0 になる

となって、x に a を入れると、2項目以降はまた 0 になるから、$f'(a)$ってなる。

$f(x)$ の 2 階微分の x に a を入れたときには $f''(a)$ ってなってほしいんだったね。右辺を 2 回微分すると、$f'(a)$ が消えて、$f''(a)(x-a)$ は 1 次式だから $f''(a)$ だけ残るね。これ以降の部分は $(x-a)$ っていうのがついてるから、x に a を入れると全部 0 になるね。だから要請をみたしてる。

3 次 4 次でも同様のことを考えてみようか。テイラー展開の式はなんで 3 次のところが $\frac{1}{3!}$ という係数をもつかというと、1 回微分すると次数の 3 が前に出てきて、もう 1 回微分すると 2 が出てくるからだよね。それでピッタリ前の係数が消えて、欲しい導関数の部分だけ残るのね。だから、あのような階乗が分母にあると思ったらいい。

実際にこれをバーッて無限にやっていく。Step 3 が三次関数、Step n が n 次関数って具合に。そうすると、最終的にはこれが「イコール」になるんだ。近似じゃなくてね。

$$f(x) = f(a) + f'(a)(x-a) + \frac{1}{2!}f''(a)(x-a)^2 + \frac{1}{3!}f'''(a)(x-a)^3 + \cdots$$

次数があがると、この「似ている範囲」が広がっていくわけ。それで結局「全体で等しい」、みたいになるのがテイラー展開なんだ。

どうですかね、理解できましたか？

今回の話から、テイラー展開とは次のような作業だってわかったと思う。

> **ここがpoint！**
> 1点の情報から近所のことを知る

　何を言ってるのかというと、いま「1点」っていうのはテイラー展開のときの $x=a$ ね。そういう1点の情報から、近所のことを知る。

　いま一般のテイラー展開の式を思い出してほしいんだけど、左辺は $f(x)$ っていう一般の複雑な関数。でもね、右辺を見てみてほしい。右辺を見ると、もう $f(x)$ っていう関数全体の情報じゃなくて、$f(x)$ を1回微分して a を入れるとか、2回微分して a を入れるとかっていう、全て a という点での情報になってるよね。だから、ある1点の情報が、次数をあげることによってどんどん広がっていく、それがやがて全範囲に及ぶっていうのが、テイラー展開のイメージ。これがポイント。次数が大きくなればなるほど近所が広がっていって最終的には全体になるわけね。

　今は $f(x)=e^x$ で見てきたけど、$\sin x$ でもやってみるとこんなふうになる。

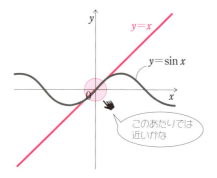

テイラー展開の気持ち

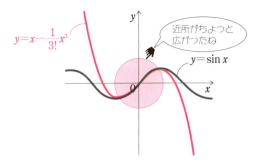

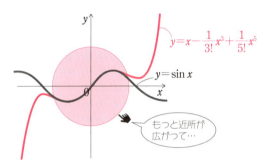

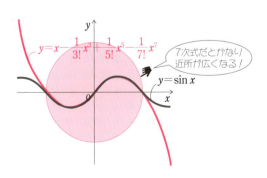

最後に**高校物理のタネ明かし**にいきましょう。この式を見てほしい。

▶‖ 色々な関数のマクローリン展開

$$(1+x)^\alpha = 1 + \alpha x + \frac{\alpha(\alpha-1)}{2}x^2 + \cdots$$

$$\sin x = x - \frac{1}{3!}x^3 + \frac{1}{5!}x^5 + \cdots$$

$$\cos x = 1 - \frac{1}{2!}x^2 + \frac{1}{4!}x^4 + \cdots$$

$$\tan x = x + \frac{1}{3}x^3 + \frac{5}{12}x^5 + \cdots$$

綺麗な式してるだろ？
マクローリン展開なんだぜ、これで‥‥
（このネタ、伝わるかな‥‥）

じつは、これらは左側の関数をマクローリン展開したものになってます。つまり、$x=0$ まわりで**テイラー展開**したものなんだけど、高校物理の近似って、どんなときにやってよかったんだったっけ？

こういう条件がなかったかな？

$$|x| \ll 1$$

このときに、こんな近似を使ってこなかった？

> **⏯ 高校物理の近似**
>
> $$(1+x)^\alpha \fallingdotseq 1 + \alpha x$$
> $$\sin x \fallingdotseq x$$
> $$\cos x \fallingdotseq 1$$
> $$\tan x \fallingdotseq x$$

　これ、全部テイラー展開の2次以上の項を無視したときの結果になってるんだね。ただ、$\cos x$ だけは1次の項が0だから0次の項、つまり定数項しか見えていない。

　たとえば $x=0.01$ の場合を考えると、2乗、3乗、4乗、…ってしていくともっと小さくなるから、これらは無視できるようになるのね。だから、右辺

（$x=0.01$, $x^2=0.0001$, $x^3=0.000001$ とドンドン小さくなる！）

の低次の項だけ取り出したもので近似しようっていうのが高校でやっていたもので、**1次近似**っていうんだ。1次の項まで見て2次以上を無視するから、1次近似。

　たとえば物理の問題を考えるとき、方程式に三角関数が入っていると、すごく単純な問題でもメッチャ難しくなるのよ。振り子の問題とかでも、$\sin x$ を近似しないとめちゃくちゃ難しい。本当は振れ幅が小さいときの様子だけ知ることができれば十分なのに、全部の場合について解いてから振れ幅が小さい場合を調べるのは、すごく労力がかかる。こういうときに近似を使って、いま知りたいものだけの情報を調べるために他の余分な情報を削る。これが近似の心なんだ。

　じゃあ、今回はこれでおしまい。引き続きがんばってね。
　お疲れさまでした。

講義No.1 板書まとめ

テイラー展開の気持ち

関数 $f(x)$ の $x=a$ まわりでのテイラー展開

$$f(x) = f(a) + f'(a)(x-a) + \frac{1}{2!}f''(a)(x-a)^2 + \frac{1}{3!}f'''(a)(x-a)^3 + \cdots$$

※ $a=0$ の場合、特別に「マクローリン展開」という

> **point** 複雑な式を多項式で表せる！

---

ex. $f(x)=e^x$ を $x=0$ まわりで展開する

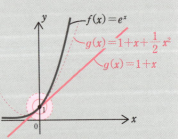

Step1 $x=0$ の近くで $f(x)=e^x$ っぽい1次関数を見つける。

$\boxed{f(0)=1, f'(0)=1}$ → $g(x)=1+x$

Step2 $x=0$ の近くで $f(x)=e^x$ っぽい2次関数を見つける。

$\boxed{f(0)=1, f'(0)=1, f''(0)=1}$ → $g(x)=1+x+\frac{1}{2}x^2$

> **point** 1点の情報から近所のことを知る

高校物理のタネ明かし

マクローリン展開

$$(1+x)^\alpha = 1 + \alpha x + \frac{\alpha(\alpha-1)}{2}x^2 + \cdots$$

$$\sin x = x - \frac{1}{3!}x^3 + \frac{1}{5!}x^5 + \cdots$$

$$\cos x = 1 - \frac{1}{2!}x^2 + \frac{1}{4!}x^4 + \cdots$$

$$\tan x = x + \frac{1}{3!}x^3 + \frac{5}{12!}x^5 + \cdots$$

$|x| \ll 1$ のとき
1次近似をすると
赤字の部分だけに
なる

テイラー展開の気持ち

解析

講義 No.2

フーリエ変換の気持ち

はいこんにちは。

今回扱うのは**フーリエ変換**ってやつなんだけども、これは理系のどの分野でも使われる超絶怒涛の必須単元になってるものだから、必ず理解してほしいなと思います。

え？ 何？
フーリエ変換の気持ちくらい知ってるって？
言ってみ。

　　倒幕派が襲ってくるのが怖いから
　　早いとこ政権を朝廷に返そうって？

ファボゼロのボケすんな！
それ大政奉還のときの慶喜の気持ちでしょ

「フーリエ変換」を「大政奉還」にかけたの？
　　末期だわ　そりゃ幕府も終わるわ

さて、フーリエ変換を理解したいなら、それより大きい枠組である**フーリエ解析**って何なのかっていうところから理解するのが一番だと思うので、そこから話していきましょう。

フーリエ解析っていうのは、関数を三角関数で分解して考える手法のこと。たとえば、テイラー展開やマクローリン展開のときには与えられた関数をべき関数で展開したよね。つまり、べき関数をベースにして考えていた。それとは別に、そのベースとなる関数を三角関数にしたものがフーリエ解析なんだ。

じゃあどうして三角関数を選んだのかっていうと、扱いやすくてかつ本質的だから。まず、扱いやすいというのは微分も積分も容易にできて数学的に扱いやすいということ。そして本質的というのは、自然界には現象としてその本質が波であるものが沢山あるということ。たとえば音波とか光波とかね。こういう理由があるから、数学のほうでも波をベースとして考えるのは理にかなっていると考えられる。そういう考えのもと生まれたのがフーリエ解析なんだ。

次に、**フーリエ変換はフーリエ解析のどの部分に当たるのか**を解説していきたいと思います。

実は、フーリエ解析はもともと周期関数、つまり同じ形が繰り返し現れるような関数に対して考えられたもので、いまではそのような周期関数に対するフーリエ解析のことをフーリエ級数展開っていうんだ。

でも、世の中には周期関数ではないものだってたくさんあるよね。そのとき、周期的じゃない関数、つまり非周期関数にもこの理論を適用したいな、と思って現れたのがフーリエ変換っていう概念なんだ。

そのときに必須になるキーワードとして、周期関数に対するフーリエ級数展開では「離散的」、そして非周期関数に対するフーリエ変換では「連続的」というものがある。言い換えれば、周期関数で作られた理論を非周期関数にまで拡張しようとするとき、離散的な話が連続的な話になってしまうということなんだ。

フーリエ変換の気持ち

> ⏸ フーリエ解析　⇒　関数を三角関数で分解
> 　　　　　　　　　　扱いやすい&本質的
> 　周期関数　→フーリエ級数展開　──離散
> 　非周期関数→フーリエ変換　　　──連続

　これがどういうことか、っていう理由も今から説明するから、まだ本は閉じないで、とりあえず我慢してね。

　じゃ、くわしく見ていきましょう。

　突然ですが問題です。

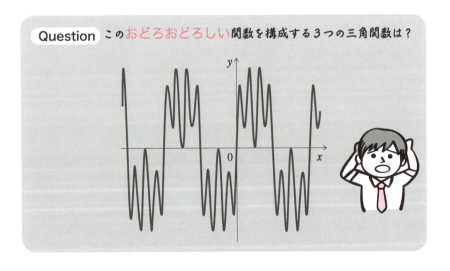

Question このおどろおどろしい関数を構成する3つの三角関数は？

　じつはこの図、複雑そうに見えるけど、3つの三角関数の足し合わせでできてるんだ。眺めるだけでわかるかな？

まあみんなはいくら頑張ってもそれはわからないと思う。
たぶん天才にしかわからないんじゃないかな？
俺にはわかるんだ。天才だから

※あなたが作ったからです

フーリエ変換の気持ち

実際、次の関数の足し合わせでできてる。

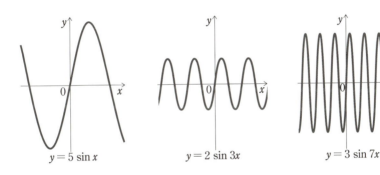

だから、この問題の答えは

$$y = 5\sin x + 2\sin 3x + 3\sin 7x$$

ってことね。一見複雑に見える関数も、実は振幅と角周波数のことなる3つの三角関数の足し合わせだったということ。こんなふうに関数を三角関数の和で表すことをフーリエ級数展開っていうんだ。

このとき、三角関数（今回は特に sin 関数）で物事を考えると前もって約束しておくと、各々の角周波数とその振幅だけ伝えれば、元々の関数の情報って全部伝えられるよね。このことをもっと詳しく説明しよう。

さっきの関数を見てみると、sin①xの波が振幅⑤で入ってる、sin③xの波が振幅②で入ってる、sin⑦xの波が振幅③で入ってるよね。この①とか③とか⑦っていうのは波が振幅する頻度を表わす角周波数。このそれぞれの振幅の値と角周波数の値をセットとして扱うことにしよう。

話をわかりやすくするために、これまでの話を図示してみるね。横軸が角周波数で、縦軸を振幅としよう。いまの例では、角周波数が①の波が振幅⑤で入ってたから、横軸が1のところに縦軸が5になるような棒を描いてみる。他にも、角周波数が③の波が振幅②で入ってて、角周波数が⑦の波が振幅③で入ってるから、グラフはこんなふうになるよね。

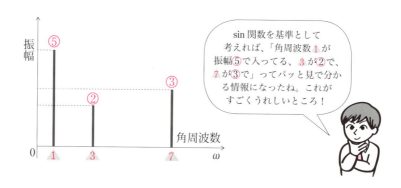

sin関数を基準として考えれば、「角周波数①が振幅⑤で入ってる、③が②で、⑦が③で」ってパッと見で分かる情報になったね。これがすごくうれしいところ！

最初に描いた波の図を見るとすごく複雑だったけど、それに比べて、この角周波数と振幅をセットにしたデータってすごくわかりやすくない？これが波をベースで考えるってことなんだね。

ここでは角周波数が全て整数値をとっていて、上の図のように飛び飛びのデータで表されるわけなんだけど、実はこれ、今扱っている関数が周期関数だからなんだ（ちなみに周期は2π）。とりあえずここでは、飛び飛びのデータで表される図を離散スペクトルっていうことだけ知っておいてほしい。

実際、周期をもつ関数のほとんどが、こうやって整数値の角周波数をもった三角関数の和でかけるんだ。つまり、そういった関数に対してそれぞれの離散スペクトルが得られる。最初は難しく聞こえてた話も、やっていることはそんなに難しいことじゃないってわかってきたでしょ？

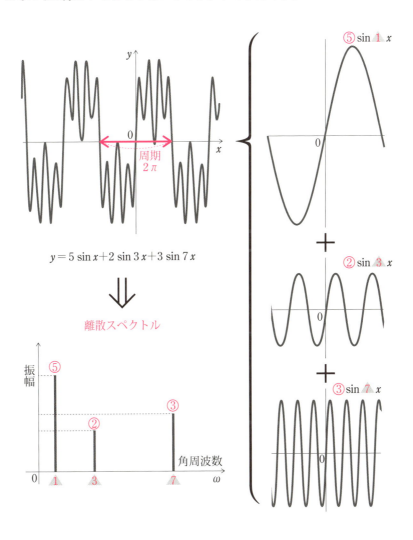

じゃあここからは、周期をもたない関数はどうなるか？　っていうことを考えていこう。

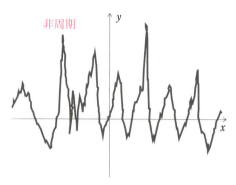

例えばこういうふうな明らかに周期をもたない関数を考えよう。イメージしやすいのは音源とかかな？

そういう音源のデータをもってきて、横軸を時間で考えたらこんな感じになるもんね。このような周期をもたない関数についても三角関数の和で表したい、って考えるわけなんだ。

でもね、さっきは周期関数だったから飛び飛びの角周波数をもつ三角関数の和で表せたわけなんだけど、ここでもさっきの場合と同じように角周波数と振幅の図をかこうと思っても、じつは、そう上手くいかないんだ。つまり、飛び飛びの棒グラフの形でスペクトルをかけないってこと。

周期関数の理論を非周期関数にそのまま適用しようとするのは、やっぱり

大変なことなんだね。じゃあどうすればいいか、ということなんだけど、じつは非周期関数の場合は連続した角周波数の三角関数の和で考えるとうまくいくようになるんだ。連続的な和、つまり積分でその形を表すことになる。

　ここでは数式に頼らずに直感的な理解を深めることにしよう。連続的になっても、異なる角周波数をもつ三角関数の和で表すという気持ちは同じ。

　その際、整数値の角周波数だけでなく、連続的な角周波数をもった三角関数を使うことによって、周期をもたない関数をも表せるようになるってこと。

　たとえばさっきの関数のスペクトルをかいてみよう。もちろん、本当は連続的なものを離散的な棒で表すわけだから、いまからかく図はあくまでイメージね。

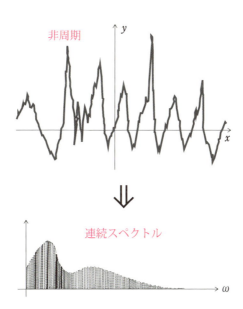

　こういうふうに非周期関数に含まれる三角関数の角周波数と振幅を表した図を、連続スペクトルっていうんだ。そして、こうやって元の関数から「どんな角周波数の波が含まれているか」という情報を得る数学的操作のことをフーリエ変換という。だから気持ちはフーリエ級数展開のときと全く

フーリエ変換の気持ち

同じ！それが離散的か連続的かっていう違いなんだ。

ひとつ**応用例**を話すと「おぉなるほど！」って思うかもしれないから、その応用例を最後に話してみるね。

たとえば、上の非周期関数が本当に音源のデータだったとしよう。音源のデータって、携帯用とかにするとき、よく圧縮されるんだね。それで、どうやって圧縮してるのかっていうと、この音源のデータを1回フーリエ変換して、高周波数の部分をデータからカットしてるんだ。人間の耳に聞こえない高周波数の波をカットしても、人間が聞こえるものは同じだからって理由でカットしたりするのね。

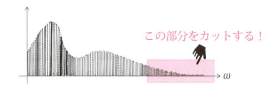

これは豆知識なんだけど、**人間の可聴域ってだいたい20Hz～20kHz**だっていわれているから、実際には20kHz以上の成分を切っているわけなんだけど、じつは耳に聴こえてなくても、高周波の音は、人間に心理的な影響を与える可能性があるっていうことを示唆する研究もあるんだ。まぁ今の話は今回の授業と関係ないから忘れてもらって、フーリエ解析が実際に**データ圧縮**に使われている、ということだけ知っておいてほしい。

どうですか？　少しはフーリエ変換も楽しく見えてきたんじゃないかな。じゃ、

徳川家康によろしく！

お疲れさまでした。

▶ フーリエ変換の気持ち

講義No.2 板書まとめ

フーリエ変換の気持ち

フーリエ解析 ⇒ 関数を三角関数で分解
　　　　　　　　　扱いやすい＆本質的

周期関数　→フーリエ級数展開　──離散

非周期関数→フーリエ変換　　　──連続

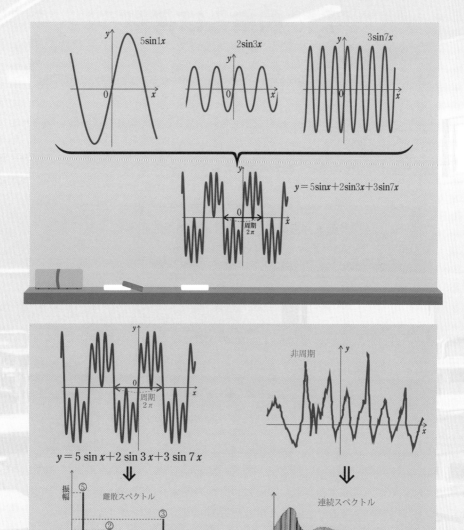

フーリエ変換の気持ち

解析

講義 No.3

δ関数とは何か

　はいどうもこんにちは。今回は物理をやってるとよく現れるδ関数を扱っていきたいと思います。
　じゃあ、さっそくその定義を確認しましょう。

> ▶︎ デルタ関数とは何か　　ラフな定義
> 次の性質①、②をもつものをディラックのδ関数という

　ここに出てくるディラックっていうのは、このδ関数を提唱した物理学者の人名。だから、この関数は **Dirac のδ関数**っていわれるんだ。

ポール・ディラック（1902～1984）量子力学及び量子電磁学の基礎づけにおいて多くの貢献をした物理学者。物理学における「数学的な美」を重要視し、数学の分野にも大きく影響を与えた。

　はじめに注意しておきたいことは、今から話すδ関数の定義は、数学的に厳密じゃないってこと。だからラフな定義だと思って聞いてほしい。

　まず、性質①について。

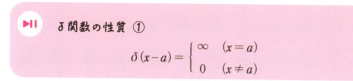

δ関数の性質 ①

$$\delta(x-a) = \begin{cases} \infty & (x=a) \\ 0 & (x \neq a) \end{cases}$$

　これは、δ関数の値がある1点で∞になるってことだね。そのある点というのは、δのカッコの中身が0になる瞬間の点ね。つまり、$x-a=0$ となる $x=a$ という点のこと。それ以外の点では全て0になるっていうのがδ関数の大きな特徴だ。

　この関数のグラフをかいてみよう。$x=a$っていう場所だけ特殊だから、そこだけ x 軸に書いておいて、実際に図にしてみるとこんな感じ。

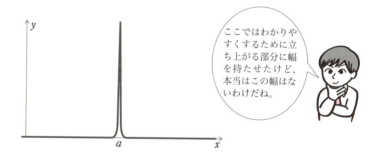

ここではわかりやすくするために立ち上がる部分に幅を持たせたけど、本当はこの幅はないわけだね。

　$x=a$っていう場所だけ∞の高さまで一気にピョーンって高くなるような関数で、それ以外では0ってことがわかるね。こういうふうに1点だけでピョーンって立ち上がる関数がδ関数。

え？
そうそう。

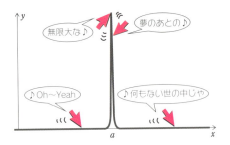

って感じだよね.
……

ほんとね、こういう 0 点のボケするやつね、
大学生活心配なんだけど、大丈夫？
洋服とか自分で買ってる？
え？
高校生の時なぜかピンクにはまって全身真っピンクだった？

　はい（？）、ということで、どうしてこんな不思議な関数を考えたいのかっていう話をしよう。物理では、質点の密度や点電荷の電荷密度を考えるとき、ある点だけでビョーンって立ち上がる関数が必要になったりするんだよね。たとえば、質点の密度で考えよう。密度って質量 m の物体をその体積 V で割ったものだよね。

$$\frac{m}{V}$$

この式で質量 m を有限にしたまま、その体積 V を限りなく 0 に近付けていったものが、いわゆる質点の密度。そうすると、質点の密度って、その物体が存在する点で無限大になって、その他の点では 0 になるよね。だから δ 関数のようなものが必要になる。でも、このままだとこんな疑問が浮かばないかな？「質点に個性はないのか？」って。

つまり、「質量が違う点は違う密度をもっていて欲しい」ということ。

そういう想いを叶えてくれるのが性質②なんだ。

δ 関数の性質 ②

$$\int_{-\infty}^{\infty} f(x)\,\delta(x-a)\,dx = f(a)$$

1 点の情報

こんなふうに、δ 関数っていうのは、適当な関数 $f(x)$ をもってきたときに、これを δ 関数とかけ算してあげて全空間で積分をすると 1 点だけの情報に落ちるという性質をもってるんだ。つまり、δ 関数が無限大になる瞬間の関数の値だけ取り出されるということ。

では、どうしてこの関係式がさっき言ったような、

密度に個性をもたせることができるのか？

ってことなんだけども、それは、実際に具体例を見てくれたらわかると思う。

---

example $f(x)=1$ のとき、性質②は

$$\int_{-\infty}^{\infty} \delta(x-a)\,dx = 1$$

無限大の大きさ

つまり、δ 関数が無限大になる瞬間の x を含むような区間で積分すると、その値は 1 になるということ。これは何を意味しているかというと、いわゆる無限大の大きさの話なんだ。

δ 関数とは何か

もう少し詳しく説明すると、数学では一口に「無限大」と言っても、色々と違いがあったよね。いわゆる分数の形をした関数の極限って、分母にあたる関数のほうが分子にある関数よりも"早く"無限大に行くと 0 になったもんね。つまり無限大にも個性があるということ。

その意味でいうと、今回は δ 関数の無限大の大きさを次のように定めようっていう話。

積分すると 1 になるぐらいの無限大

これがどうして密度に個性を持たせることに繋がるかというと、次の例を見ることで明確にわかるようになると思う。

---

example $x=a$ におかれた質量 m の密度は

$$m\delta(x-a)$$

注）ここでは簡単のために 1 次元で考える

この関数、その質点が置かれたところで無限大になって、それ以外のところではしっかり 0 になっているもんね。じゃあ、この m がかかってる理由は何かというと、それは密度を積分したら質量になるためなんだ。

$$\underbrace{\int_{-\infty}^{\infty} \boxed{m\delta(x-a)} \, dx}_{\text{密度}} = \boxed{m} \underbrace{\int_{-\infty}^{\infty} \delta(x-a) \, dx}_{=1} = \boxed{m}_{\text{質量}}$$

ここでは簡単に 1 次元でやったけど、3 次元でも話は同じ。これで δ 関数の特徴とすばらしさはよくわかったかな？

じゃあ、ここからは発展的なオマケ。授業の最初に今回の δ 関数の定義は数学的に厳密じゃないって言ったんだけど、実際どこが厳密じゃないかという部分について話していこう。

δ 関数って、1 点以外ではその値が 0 になってたよね。こういうのを数学的には

δ関数とは何か

ほとんど至るところ0

って言うんだ。じつは、こういう関数を普通の意味で積分すると0になってしまう。 （今まで習ってきような）

　じゃ、δ関数ってなんだよ？　って思うかもしれないんだけど、じつは数学者もめちゃくちゃ悩んできたわけね。

　つまり、

「物理学をやる上でこういう関数が欲しいな」

っていうことで、1923年からディラックという人が、このδ関数を実際に使ってはいたんだけども、数学者たちは、

「そういう関数って数学的にはないんだよな」

って思ってたんだね。

　そういう問題が、解決されたのは1950年。ローラン・シュワルツという数学者がこの話を数学的に整備したんだ。ディラックが提唱したのが1923年で、数学的な話が完成されたのが1950年だから、けっこうかかったよね。

ローラン・シュワルツ
（1915〜2002）
シュワルツ超関数と呼ばれる理論を構築した業績で知られる数学者。学生時代、数学の授業においてノートを一切とらなかったことで有名。

　そのアイデアのさわりの部分を話してみよう。シュワルツの理論の中では、適当な関数$f(x)$を持ってきたときに、この$f(x)$にある関数をかけて積分した際に有限の値になるようなものを

超関数

って呼ぶことにしたんだ。つまり、「関数」という世界をもっと広い世界に広げたんだね。この意味で言うと、δ関数だって超関数になってるよね。というのは、δ関数の性質②を見ると、

$$\int_{-\infty}^{\infty} f(x)\,\delta(x-a)\,dx = f(a)$$

となって、この $f(a)$ という値が有限値になるからね。つまりここで大事なのは、δ関数も超関数の一種であるということ。

> **ここがpoint！**
>
> 数学的には次の式を満たす超関数をδ関数として定義する
>
> $$\int_{-\infty}^{\infty} f(x)\,\delta(x-a)\,dx = f(a)$$

　つまり、「関数」をより広い枠組みで見たときに、δ関数もしっかりと数学の仲間に入れることができるってわけ。これが現代の視点からの見方ね。まぁ、δ関数ってのはこういった背景もあって、数学的にはナイーブな部分も多いんだけど、物理などをやるうえではめちゃくちゃ便利だから、まずはしっかりとイメージをもって、徐々に使いこなせるようになってくれればokです！　今後も勉強がんばってね。
お疲れさまでした。

講義No.3 板書まとめ

デルタ関数とは何か (ラフな定義)

次の性質①、②をもつものをDiracのデルタ関数という

① $\delta(x-a) = \begin{cases} \infty & (x=a) \\ 0 & (x \neq a) \end{cases}$

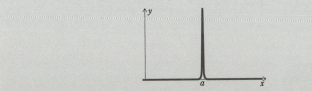

ex. 質点の密度、点電荷の電荷密度

② $\displaystyle\int_{-\infty}^{\infty} f(x)\,\delta(x-a)\,dx = f(a)$ （1点の情報）

ex. $f(x)=1$ のとき②は

$$\int_{-\infty}^{\infty} \delta(x-a)\,dx = 1$$ （∞の大きさ）

ex. $x=a$ におかれた質量 m の質点

$$\int_{-\infty}^{\infty} \underset{\text{密度}}{m\,\delta(x-a)}\,dx = \underset{\text{質量}}{\overline{m}}$$

δ関数とは何か

解析

講義 No.4

逆三角関数とは何か

はいこんにちは。
今回は**逆三角関数**ってやつを扱っていこうと思います。

ん?
「俺も逆三角関数できるよ」って?
おおよかったね。
「前でやりたい」? どういうこと?
じゃ、やってみていいよ。

一発ギャグ「ギャグ三角関数」
サインコサインリカルデント!
………

ファボゼロのボケすんな

ほんとにね、こういうゼロ点のボケするやつ
大学生活心配なんだよね
大丈夫? Instagramとかやってる?
え?
Instagramで毎日毎日大喜利大会開催して楽しんでる?

じゃ、俺と一緒だね

逆三角関数とは何か

はい。ってことで、逆三角関数とは何かっていうと、名前のままで**三角関数の逆関数**のことなんだ。そもそも逆関数がよくわかってなかったり忘れてる人が多いと思うから、その辺の復習も含めて授業をしていきましょう。

今ここに描いたのは $y = \sin x$ っていう関数のグラフ。もちろん $x = \dfrac{\pi}{2}$ のときには $y = 1$ になるし、$-\dfrac{\pi}{2}$ のときには -1、$\dfrac{\pi}{6}$ を入れれば $\dfrac{1}{2}$ になったりするよね。

これをどう見てほしいかっていうと、x を 入力、y を 出力 っていうふうに見てほしいんだね。たとえば、$x = \dfrac{\pi}{2}$ という値をこの関数に突っ込むと、y の値として 1 を返してくれる、つまり x を入力、y を出力と見る。$x = \dfrac{\pi}{6}$ を入力すると ドン！ $y = \dfrac{1}{2}$ が出力される、という感じでね。

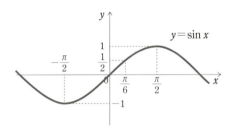

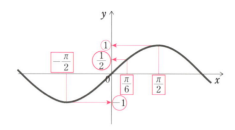

　そして逆関数というのは、出力結果を見て入力は何だったかを考えることなのね。それはたとえば、「出力が1になるような入力って何だろう？」っていうことで、グラフを○→□って逆にたどると「あ、$\frac{\pi}{2}$だな」ってわかるよね。他にも「$\frac{1}{2}$になるような入力って何だろう？」「あ、$\frac{\pi}{6}$かな」とか、「-1になる入力って何だろう？」「$-\frac{\pi}{2}$かな」って感じでね。

　そして、次に出力yと入力xを逆にすることを考えよう。つまり、こういうこと。

$$\boxed{x} = \sin \boxed{y}$$

いまx, yを入れかえたのはどうしてかっていうと、逆をたどる関数を作りたいから。数学では、横軸に入力x、縦軸に出力yってのがいちばん心地いいんだわ。だから、入れかえてあげる。

　たとえば、

$$x に 1 って入れると、y は \frac{\pi}{2} ですよ$$

とか、

$$x に \frac{1}{2} を入れたら y は \frac{\pi}{6} ですよ$$

みたいな感じで、xとyを入れ替えて元々の出力を入力にしたってこと。

　それで、いまからこのxとyを入れかえた関数$x = \sin y$のグラフをかきたいんだけども、グラフをかくときは、やっぱり$y = $〜っていう形にしたいよね。でも、何か方法は浮かぶ？

$x = \sin y$ の両辺を sin で割って、ええっと・・・

みたいなことやられた日にはブチ切れちゃうからね。

相当の美女じゃないと許せない

　…そうなんだよね、そんな簡単に表す方法はないんだ。だから自分たちで新しい記号を作っちゃおうよ。いま、この y を x で表す関数として、

$$\boxed{x} = \sin \boxed{y} \quad \Leftrightarrow \quad \boxed{y} = \arcsin \boxed{x}$$

って書くことにする。右側の $\arcsin x$ っていうのは**アークサインエックス**って読むんだけど、これがどういう意味かというと、*$x = \sin y$ を満たすような y を無理やり $y=$ 〜の形で書いただけ*なのね。

　ところで、逆関数を考えるときに注意してほしいことが1つだけあるんだ。さっき、入力と出力を入れ換えるって言ったんだけど、1に対応する入力って $\dfrac{\pi}{2}$ だけじゃないよね。本来、三角関数は周期的に続くから、ほかにも、$\dfrac{5\pi}{2}$、$\dfrac{9\pi}{2}$ …って無数に出てくるはずでしょ。

　でも、*1つの値に対して1つの値を返す*っていうのが*関数の定義*だから、逆三角関数を考える前に、しっかりとこの関数の定義域を考えておかないといけない。今回でいえば次の図で赤く色をつけた部分ね。

逆三角関数とは何か

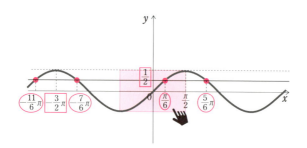

　ここの部分だけで考えれば、グラフは単調増加になっているから、1つの y に対して1つの x だけが決まる状況が実現するよね。だからこの範囲に限定して逆関数を考えるんだ。

　じゃ、今から $y = \arcsin x$ のグラフをかいてみようか。「こんなのかけないよ！」って思わないでね。この関数の x と y の関係はあくまで
$$x = \sin y$$
だから、たとえば $x=1$ のとき、$1 = \sin y$ を満たす y を考えればいいだけ。今回は $-\dfrac{\pi}{2}$ から $\dfrac{\pi}{2}$ までの範囲に限定したわけだから、$y = \dfrac{\pi}{2}$ がその答え。つまり座標でいうと、$\left(1, \dfrac{\pi}{2}\right)$ のことだね。

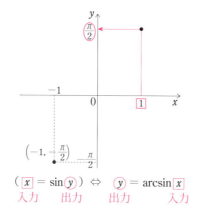

$(\boxed{x} = \sin \boxed{y}) \Leftrightarrow \boxed{y} = \arcsin \boxed{x}$
入力　出力　　出力　　入力

今度は「$x=-1$ のときの y は？」つまり「$y=\arcsin(-1)$ は？」というのを考えるんだけど、この形だとよくわからないね。だから常に $x=\sin y$ の形で考える。そうすると、$-1=\sin y$ をみたす y を $-\dfrac{\pi}{2}$ から $\dfrac{\pi}{2}$ の間で探せばいいわけだから $y=-\dfrac{\pi}{2}$ だね。だから今回考えるグラフ上に $\left(-1,\ -\dfrac{\pi}{2}\right)$ っていう点が打たれる。そして、途中の座標も全部考えて、それらをつないであげると下のような図になるね。

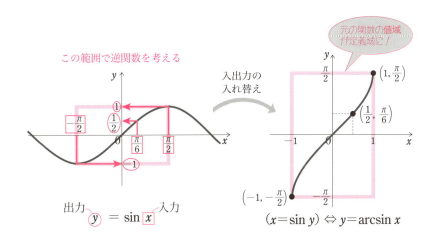

ここで $y=\arcsin x$ の定義域はどうなってるかな？　いま $y=\sin x$ の逆関数、つまり x と y を入れ替えたわけだから、元の関数 $y=\sin x$ の値域は $y=\arcsin x$ の定義域になるよね。

つまり三角関数の逆関数を考えるときのポイントをまとめると、三角関数は周期関数だから、単調増加や単調減少になる範囲を考えて、その範囲で逆関数を考える。この範囲で $y=\sin x$ の x と y を入れ替えて $x=\sin y$ とする。そしてこの式を無理やり $y=\sim$ の形でかいたものが逆三角関数 $y=\arcsin x$ ってこと！

じゃ、練習として具体例を 2 つ考えてみよう。

> **example** arcsin$(-1) = ?$
> sinの値が-1になるような角度を考えればいい。角度の範囲はさっき考えた範囲の$-\frac{\pi}{2}$から$\frac{\pi}{2}$。だから$-\frac{\pi}{2}$。

> **example** arcsin$\left(\frac{1}{2}\right) = ?$
> sinの値が$\frac{1}{2}$になるような$-\frac{\pi}{2}$から$\frac{\pi}{2}$までの角度考えればいいから、$\frac{\pi}{6}$

　今までの例は、どれもアークサインというものを考えたんだけど、同様に、

$$y = \arccos x \text{（アークコサイン）}$$
$$y = \arctan x \text{（アークタンジェント）}$$

っていう他の三角関数の逆関数もある。それぞれ定義域がどうなるか考えるために$\cos x$のグラフを見ながらその逆関数を考えよう。

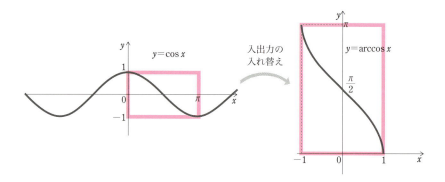

　この図の中で、xとyが1対1で対応するような範囲を考えるとき、たとえば0からπの範囲があるよね。この定義域に対して値域が-1から1で、もともとの値域が定義域に変わるんだから、$y = \arccos x$の定義域は-1以

上1以下。オマケとして$y=\arccos x$の値域も考えておくと、それはもちろんもともとの関数の定義域として選んだ範囲に一致するわけだから、0からπ。

$$y=\arccos x \quad (-1 \leq x \leq 1), \quad 0 \leq y \leq \pi$$

じゃ、タンジェントも同じように考えてみようか。$y=\tan x$のグラフも周期関数なわけだけども、xとyが1対1に対応するようにするには$-\dfrac{\pi}{2}$から$\dfrac{\pi}{2}$までの範囲を考えればいいね。

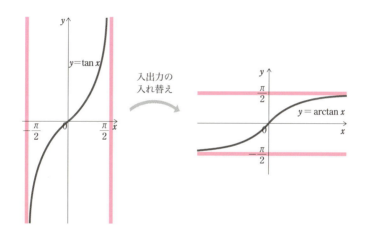

だから、$y=\arctan x$の定義域は実数全体、値域は$-\dfrac{\pi}{2}$から$\dfrac{\pi}{2}$ね。

$$y=\arctan x \quad (-\infty < x < \infty), \quad -\dfrac{\pi}{2} < y < \dfrac{\pi}{2}$$

実数全体と同じ意味

こんなふうに、逆三角関数については常にその値域と定義域に注意してください。

ところで、この逆三角関数の何が重要かっていうと、じつはその微分した

ときの形なのね。ということで、最後に**逆三角関数の微分**について考えていきましょう。

じゃ、**アークサインエックスの微分**から。

> **Question** (i) 次の関数を微分せよ
> $$y = \arcsin x \quad \left(-1 \leq x \leq 1,\ -\frac{\pi}{2} \leq y \leq \frac{\pi}{2}\right)$$

いまこれを微分したいんだけど、このままだと $\dfrac{dy}{dx}$ が考えられないね。だって arcsin x の微分について自分たちはまだ何も知らないから。そこで、$y = \arcsin x$ を書き換えた式、つまり $x = \sin y$ の式を y で微分してみよう。

$$\frac{dx}{dy} = \cos y$$

ここで、高校でやった三角関数の相互関係 $\sin^2 y + \cos^2 y = 1$ から、

$$\cos^2 y = 1 - \sin^2 y$$

となるよね。次に cos y を求めるときに平方根をとるわけなんだけど、いま y の範囲を $-\dfrac{\pi}{2}$ から $\dfrac{\pi}{2}$ で考えているから、この範囲で cos y は必ず 0 以上。だから±のうち＋の方だけ考えればいいね。よって、

$$\frac{dx}{dy} = \cos y = \sqrt{1 - \sin^2 y} \quad \left(\because -\frac{\pi}{2} \leq y \leq \frac{\pi}{2}\right)$$

ここで知りたいのは $\dfrac{dy}{dx}$ だから、微分の性質から、$\dfrac{dx}{dy}$ の逆数を考えればいい。

$$\frac{dy}{dx} = \frac{1}{\frac{dx}{dy}} = \frac{1}{\sqrt{1-\sin^2 y}}$$

さらに、$\frac{dy}{dx}$ っていうのを x の関数としてかきたいわけだから、$\sin^2 y$ の部分を $x = \sin y$ を使ってもとに戻そうか。

$$\frac{1}{\sqrt{1-\sin^2 y}} = \boxed{\frac{1}{\sqrt{1-x^2}}}$$
Answer!

これで arcsin x の微分が完了と。

ところで、逆三角関数の微分の何が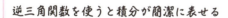うれしいかっていう話なんだけど、こういう積分って高校の数Ⅲでよく見なかった？

$$\int \frac{1}{\sqrt{1-x^2}} dx$$

今までは、がんばって置換積分して解いたと思うんだけど、じつは逆三角関数を使うと一気にできるんだね。微分してこの被積分関数になるものが積分なんだから、積分定数を C としておくと

> **ここがpoint！**
>
> **逆三角関数を使うと積分が簡潔に表せる**
>
> $$\int \frac{1}{\sqrt{1-x^2}} dx = \arcsin x + C$$

で良いわけだよね。だって、arcsin x を微分すると $\frac{1}{\sqrt{1-\sin^2 y}}$ になるわけだからね。これが、逆三角関数のでかいメリットの1つね。

次に**アークコサインエックス**を微分しよう。

> **Question** (ii) 次の関数を微分せよ
>
> $$y = \arccos x \quad (-1 \leq x \leq 1, 0 \leq y \leq \pi)$$

さっきと同じように、これも、もとに戻してから微分しよう。

$$x = \cos y$$

$$\frac{dx}{dy} = -\sin y$$

ここで、$\sin y$ ってのは本来 $\pm\sqrt{1-\cos^2 y}$ なんだけど、y の範囲が $0 \leq y \leq \pi$ だから、この範囲では必ず $\sin y$ は以上。だから正の平方根だけとればよくて、

$$\frac{dx}{dy} = -\sin y = -\sqrt{1-\cos^2 y} \quad (\because 0 \leq y \leq \pi)$$

このマイナスは最初からあったマイナスね。

になるね。最後にさっきと同じように逆数をとって、またこれを x の式になおせば次のようになる。

$$\therefore \frac{dy}{dx} = \frac{1}{\frac{dx}{dy}} = -\frac{1}{\sqrt{1-\cos^2 y}} = \boxed{-\frac{1}{\sqrt{1-x^2}}}$$

Answer!

これでおしまい!

じゃあ最後に**アークタンジェントエックスの微分**を考えよう。

> **Question** (iii) 次の関数を微分せよ
>
> $$y = \arctan x \quad \left(-\infty < x < \infty, -\frac{\pi}{2} < y < \frac{\pi}{2}\right)$$

x と y がみたす関係は次の通り。

$$x = \tan y$$

x を y で微分して、cos と tan の相互関係を使えば、

$$\frac{dx}{dy} = \frac{1}{\cos^2 y} = 1 + \tan^2 y$$

となる。今までと同じように、$\dfrac{dx}{dy}$ の逆数をとって、最後に $\tan y$ を x に戻してあげれば、

$$\therefore \quad \frac{dy}{dx} = \frac{1}{\dfrac{dx}{dy}} = -\frac{1}{1 + \tan^2 y} = \boxed{\frac{1}{1+x^2}}$$

Answer!

これで完成！

実際に、逆三角関数は物理などを勉強していると何度も現われてくるから、それも楽しみに勉強を続けてみてね！

じゃ、これからも勉強頑張りましょう。お疲れさまでした。

講義No.4 板書まとめ

逆三角関数とは何か

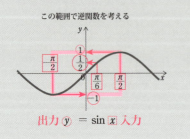

$x = \sin y \Leftrightarrow y = \arcsin x$

ex. $\arcsin(-1) = -\dfrac{\pi}{2}$, $\arcsin\left(\dfrac{1}{2}\right) = \dfrac{\pi}{6}$

同様に、

$y = \arccos x$
$-1 \leq x \leq 1$,
$0 \leq y \leq \pi$

$y = \arctan x$
$-\infty < x < \infty$,
$-\dfrac{\pi}{2} < y < \dfrac{\pi}{2}$

もある。

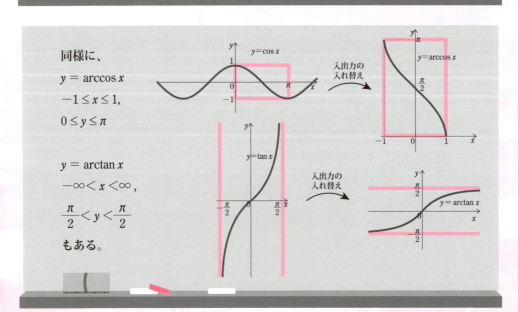

逆三角関数の微分

(i) $y = \arcsin x$ $\left(-1 \leq x \leq 1, -\dfrac{\pi}{2} \leq y \leq \dfrac{\pi}{2}\right)$

$$x = \sin y$$
$$\dfrac{dx}{dy} = \cos y = \sqrt{1-\sin^2 y}$$
$$\left(\because -\dfrac{\pi}{2} \leq y \leq \dfrac{\pi}{2}\right)$$

$\therefore \quad \dfrac{dy}{dx} = \dfrac{1}{\dfrac{dx}{dy}} = \dfrac{1}{\sqrt{1-\sin^2 y}} = \dfrac{1}{\sqrt{1-x^2}}$

(ii) $y = \arccos x$ $(-1 \leq x \leq 1, 0 \leq y \leq \pi)$

$$x = \cos y$$
$$\dfrac{dx}{dy} = -\sin y = -\sqrt{1-\cos^2 y}$$
$$(\because 0 \leq y \leq \pi)$$

$\therefore \quad \dfrac{dy}{dx} = \dfrac{1}{\dfrac{dx}{dy}} = -\dfrac{1}{\sqrt{1-\cos^2 y}} = -\dfrac{1}{\sqrt{1-x^2}}$

(iii) $y = \arctan x$ $\left(-\infty < x < \infty, -\dfrac{\pi}{2} < y < \dfrac{\pi}{2}\right)$

$$x = \tan y$$
$$\dfrac{dx}{dy} = \dfrac{1}{\cos^2 y} = 1 + \tan^2 y$$

$\therefore \quad \dfrac{dy}{dx} = \dfrac{1}{\dfrac{dx}{dy}} = \dfrac{1}{1+\tan^2 y} = \dfrac{1}{1+x^2}$

解析

 講義 No.5

双曲線関数とは何か

突然ですが問題です。

Q. この画面に映っているもので一番カッコいいものは何でしょう？

はい、8割の人ミスったよね。

俺じゃないです。

双曲線関数だね。

名前がメチャクチャかっこいいじゃんか。

まず、**双曲線関数**の定義から確認しよう。

▶∥　ハイパボリックサインの定義

$$\sinh x = \frac{e^x - e^{-x}}{2}$$

sinh x と書いてハイパボリックサインエックスって読むんだ。これが双曲線関数の1つ。なんかすごく三角関数に似てる記号を使うんだね。同じように、こいつがハイパボリックコサインエックス。

> **ハイパボリックコサインの定義**
> $$\cosh x = \frac{e^x + e^{-x}}{2}$$

そしてラスト。これがハイパボリックタンジェントエックス。

> **ハイパボリックタンジェントの定義**
> $$\tanh x = \frac{e^x - e^{-x}}{e^x + e^{-x}}$$

なんでハイパボリックっていうかっこいい名前がつくかを説明するね。双曲線って英語で Hyperbola っていうんだけど、その形容詞が hyperbolic（ハイパボリック）なんだ。ちなみに、この頭文字を使って、双曲線関数の記号には h が入ってる。

そもそも「どうして三角関数と似たような記号を使うか」とか、「なぜ双曲線関数って呼ばれるのか」っていう問題を、追って説明していこうと思います。

中にはこの関数形を見たときに、これまで受験勉強をがんばった人だったら、「こういう関数、よく受験で見た気がするなー」って思った人もいるかもしれないね。それもそのはず。じつは、この双曲線関数を背景にした受験問題は多く作られているんだ。

対称性があると分かればぐんと扱いやすくなる

初めて見る得体の知れない関数を扱うときチェックしてほしい1つのポイントは、それが奇関数か偶関数かってこと。

まず sinh x は、x の代わりに $-x$ を突っ込むとその符号が逆になるから、

$$\sinh(-x) = \frac{e^{-x} - e^{-(-x)}}{2} = -\frac{e^x - e^{-x}}{2} = -\sinh x$$

奇関数だね。cosh x は x に $-x$ を突っ込んでも符号が変わらないので、偶関数。tanh x も同じことを考えると、分母の符号が変わらず分子の符号だけ逆になるから奇関数になるね。じゃ、こういったことをふまえて、**双曲線関数のグラフ**をかいてみよう。

最初に、sinh x から。双曲線関数はどれも指数関数がベースになっているので先にそれをかいておこう。

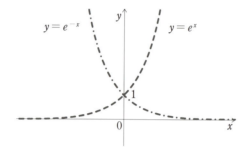

これらを使って、sinh x のグラフをかくよ。まず、sinh x の定義から e^x と e^{-x} の差を半分にしたものが、その x の場所での sinh x の高さだね。それと、$x = 0$ のとき $y = 0$ だから、$(0, 0)$ を通る。こういうことと奇関数であるこ

$$y = \sinh 0 = \frac{e^0 - e^0}{2} = 0$$

とをふまえながら、グラフをかいてみると次のようになる。これが $y = \sinh x$ のグラフね。

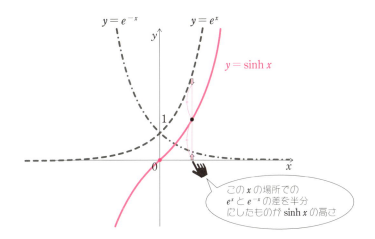

同じように cosh x についても考えよう。cosh x の式を見ると、y 座標の値は e^x と e^{-x} のちょうど中点だってわかるよね。あとは、$x=0$ のとき y の値が 1 となることを意識すれば、次のようになる。これが $y=\cosh x$ のグラフね。

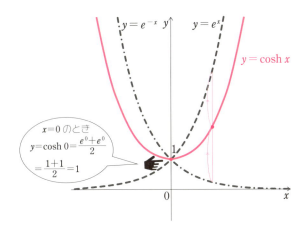

ところで、こういう形って町の中でたくさん見たことあるんじゃない？じつは、ロープの両端を持って垂らしたときにできる曲線が、cosh x なんだ。

　この曲線、よく放物線って表現されることがあるんだけど、あれは日本語の慣習の問題で、数学的には懸垂線（カテナリー）と呼ばれる別物なんだ。

　じゃ、次は **tanh x** について考えるね。これは、$x=0$ で y の値が 0 になって $(0, 0)$ を通る。あとは、x がすごい大きい値になると、e^{-x} はメッチャ小さくなるよね。だからこうやって無視していい。

$$\tanh x = \frac{e^x - \cancel{e^{-x}}}{e^x + \cancel{e^{-x}}}$$

で、分母はほぼ e^x、分子もほぼ e^x になるから、その値は 1 に漸近していくね。そういうふうに考えるとグラフがかきやすい。あとは奇関数であることを思い出せば、$y = \tanh x$ のグラフはかける。

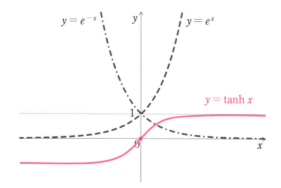

　次に、**双曲線関数が持つ性質**について見ていきましょう。じつはこの性質というのは、

　　　　　なぜ双曲線関数の記号は三角関数に似ているのか？
っていうことの説明にもなってるんだね。

　まず、三角関数には相互関係ってのがあったよね。すごく懐かしいと思うんだけど、高校で三角関数を習うときに最初に学ぶやつ。双曲線関数も、これとすごく似た性質をもってる。その性質を全てまとめてみるね。

> **性質（三角関数と記号が似ている理由）**
>
> $\cosh^2 x - \sinh^2 x = 1 \quad (\cos^2 x + \sin^2 x = 1)$
>
> $\tanh x = \dfrac{\sinh x}{\cosh x} \quad \left(\tan x = \dfrac{\sin x}{\cos x}\right)$
>
> $1 - \tanh^2 x = \dfrac{1}{\cosh^2 x} \quad \left(1 + \tan^2 x = \dfrac{1}{\cos^2 x}\right)$

　たとえば、1番上の関係式。$\sinh x$ と $\cosh x$ の関係と、$\sin x$ と $\cos x$ の関係は、符号は違えどすごく似てるね。2番目の関係式の $\tanh x$ が $\sinh x$ と $\cosh x$ で表せるっていうのは、$\tan x$ と全く同じ形してるでしょ？ 3番目の関係式も、$\tanh x$ が $\cosh x$ でこういうふうにかけるっていうのは $\tan x$ と $\cos x$ の関係とすごく似てるもんね。

　これらの導出は、全て $\sinh x$、$\cosh x$、$\tanh x$ の定義を使うとすぐに計算ができるからここでは省略するね。

　　　　　　　　で、これだけ見たら、
　　　　　　　　「こんだけ似てるんだったら、
　　　　　　　　双曲線関数も三角関数と同じ記号を使ってもいいよー」って、
　　　　　　　　優しい人は思うよね。俺はそう思う。
　　　　　　　　え？　思わない？

双曲線関数とは何か

性格悪っっっ!!!

まあそういう人のためにもね…

じつは、まだ似たような性質があるから紹介しよう。それが、**微分**。はい！

> ▶❙❙ **双曲線関数の微分公式**
>
> $(\sinh x)' = \cosh x \qquad ((\sin x)' = \cos x)$
> $(\cosh x)' = \sinh x \qquad ((\cos x)' = -\sin x)$
> $(\tanh x)' = \dfrac{1}{\cosh^2 x} \qquad \left((\tan x)' = \dfrac{1}{\cos^2 x}\right)$

どう？　ほぼ同じだよね？

あ、バレた？

2番目の関係式が、ちょっと違うよね。三角関数だと、cos を微分したら $-\sin$ になるんだけど、cosh を微分しても符号はそのままなんだね。

これだったら認めてくれる？

まだ駄目？

分かった、とっておきのやつ使おうか。

じつは、双曲線関数でも三角関数と同じような加法定理が成り立つ。

> ここがpoint！
>
> $\sinh(x+y) = \sinh x \cosh y + \cosh x \sinh y$
> $\cosh(x+y) = \cosh x \cosh y + \sinh x \sinh y$
> $\tanh(x+y) = \dfrac{\tanh x + \tanh y}{1 + \tanh x \tanh y}$

どう？　これで。
それでも駄目？

もう・・・帰ってくれ

　じゃ、次に双曲線関数がなぜ双曲線関数と呼ばれるのかという問題を扱っていきましょう。そのときに重要になるテーマが

媒介変数表示

なんだけど、これは高校で習うやつだね。この媒介変数表示の話を理解できれば、双曲線関数と呼ばれる理由が理解できるからがんばって聞いてね。最初に、

$$x = \cosh\theta, \quad y = \sinh\theta$$

という関係を考える。この場合、いま x と y は θ っていう媒介変数を通して表されているんだけど、この θ を消去するとどうなると思う？　そもそもどうやったら消去できるかな？

　それは、2乗して差をとったら1になるっていう性質を使えばいいよね。この性質を使って、

$$x^2 - y^2 = 1$$

（$\cosh^2 x - \sinh^2 x = 1$）

という関係が出てくる。この$x^2-y^2=1$をグラフ上に図示すると双曲線になるんだわ。$\sin x$や$\cos x$のグラフ自体が三角形ではないのと同じように$\sinh x$や$\cosh x$も、それ自体で双曲線になるわけじゃない。じゃ、今回の媒介変数からかかれる双曲線の形について見てみようか。

双曲線の右側だけ表わすことに注意しよう。

本来、$x^2-y^2=1$というグラフには、$x<0$の領域、つまり左側にも曲線があるはずなんだけども、ここでは右側しかかいてないね。なぜかというと$\cosh x$は正の値しかとり得ないから。だから$x>0$の領域だけ図示してあるんだね。ここまで聞けば、双曲線関数がなぜ双曲線関数という名前かわかったと思う。

参考までに三角関数も似たようなことができることを思い出そう。たとえば、次の式から媒介変数であるθを消すと、

$$x=\cos\theta, \quad y=\sin\theta \quad \rightarrow \quad x^2+y^2=1$$

となって、このグラフは円だった。これの双曲線バージョンが双曲線関数だったってわけ。

内容はこれでおしまいなんだけど、最後にオマケとして、なんでここまで三角関数と性質が似るのかっていう話をするね。
さすがに似すぎだったよね。相互関係や加法定理、微分公式だったりも同じような形をしていた。

これにはすごく数学的に面白い理由があって…

→答えは 複素数 にあり！

少し意外かもしれないけどこれが答え。関数の議論を複素数の世界にまで拡張させた数学を複素関数論っていうんだけど、その中でも一番きれいな結果が、次の公式。

ここがpoint！

$$e^{i\theta} = \cos\theta + i\sin\theta \quad （オイラーの公式）$$

これは、数学の公式の中で最も有名だといっても過言ではないくらい偉いやつなんだ。じつはこの関係式を使うと、$\cos\theta$ とか $\sin\theta$ は指数関数を使って書くことができる。こんなふうに。

$$\cos\theta = \frac{e^{i\theta} + e^{-i\theta}}{2}$$

$$\sin\theta = \frac{e^{i\theta} - e^{-i\theta}}{2i}$$

オイラーの公式の θ に $-\theta$ を入れると、
$e^{-i\theta} = \cos(-\theta) + i\sin(-\theta) = \cos\theta - i\sin\theta$。この式とオイラーの公式を合わせて使えば左の2式はすぐに導出できる。

これ、よく見てほしいんだけど、何かにすごく似てない？

双曲線関数にめっちゃ似てるよね。比較しやすいように x のかわりに θ を使って双曲線関数をかくと

$$\sinh\theta = \frac{e^\theta - e^{-\theta}}{2} \quad、\quad \cosh\theta = \frac{e^\theta + e^{-\theta}}{2}$$

ってなるもんね。

じつは、複素関数の世界から見たら、三角関数と双曲線関数が似たような性質を持つのは、あたりまえだったという話。何個か符号の違いがあったけども、その違いは、虚数単位の i が入ってるか入ってないかに起因してたんだね。

　ここまで知ると、うお！楽しいな♪って感じると思う。複素関数論を勉強したことがない人は、こういったことをモチベーションにして取りくんでくれたらうれしいな。

じゃ、最後にみんなに問題です。

**Q. この画面に映っているもので
一番カッコいいものは？**

おい5割！
見ちゃダメでしょ俺のことは。

どう考えてもオイラーの公式だよね。

じゃ、お疲れさまでした。

▶ 双曲線関数とは何か

講義No.5 板書まとめ

双曲線関数とは何か
● 定義

$$\sinh x = \frac{e^x - e^{-x}}{2}\ (\text{奇}),\quad \cosh x = \frac{e^x + e^{-x}}{2}\ (\text{偶}),\quad \tanh x = \frac{e^x - e^{-x}}{e^x + e^{-x}}\ (\text{奇})$$

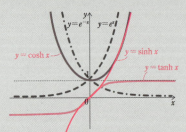

★ 性質（三角関数と記号が似ている理由）

$$\begin{aligned}
&\cosh^2 x - \sinh^2 x = 1 \quad (\cos^2 x + \sin^2 x = 1) \\
&\tanh x = \frac{\sinh x}{\cosh x} \quad \left(\tan x = \frac{\sin x}{\cos x}\right) \\
&1 - \tanh^2 x = \frac{1}{\cosh^2 x} \quad \left(1 + \tan^2 x = \frac{1}{\cos^2 x}\right)
\end{aligned}$$

$$\begin{aligned}
&(\sinh x)' = \cosh x \quad ((\sin x)' = \cos x) \\
&(\cosh x)' = \sinh x \quad ((\cos x)' = -\sin x) \\
&(\tanh x)' = \frac{1}{\cosh^2 x} \quad \left((\tan x)' = \frac{1}{\cos^2 x}\right)
\end{aligned}$$

●媒介変数表示（何故"双曲線"関数か？）

$$x = \cosh\theta, \quad y = \sinh\theta$$
$$\rightarrow \quad x^2 - y^2 = 1 \quad (x > 0)$$
双曲線

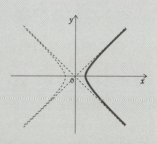

（円の場合　$x = \cos\theta, \; y = \sin\theta \quad \rightarrow \quad x^2 + y^2 = 1$）

★何故、性質が似るか？

→答えは複素数にあり！

$$\boxed{e^{i\theta} = \cos\theta + i\sin\theta} \quad \text{（オイラーの公式）}$$

$$\cos\theta = \frac{e^{i\theta} + e^{-i\theta}}{2}, \quad \sin\theta = \frac{e^{i\theta} - e^{-i\theta}}{2i}$$

$$\updownarrow \qquad\qquad\qquad\qquad \updownarrow$$

$$\cosh\theta = \frac{e^{\theta} + e^{-\theta}}{2}, \quad \sinh\theta = \frac{e^{\theta} - e^{-\theta}}{2}$$

双曲線関数とは何か

代数学

講義 No.6

群がどうしてもわからない君へ

群論超入門

はいこんにちは。

今回の授業は「群がどうしてもわからない君へ」っていうタイトルで、<u>群論の超入門編</u>の授業をやっていこうかなと思います。

大学の数学科に入った人が、1、2年生の最初の方にやることになる抽象的な数学がこの「群論」だと思う。でもここで、高校と比べて抽象度が一気に高くなった数学に初めて出会って、挫折する人が多いんだよね。それで、「高校数学までは好きだったけど大学数学は…」っていう人が量産されることになる。そこで今回は、そういう人たちを少しでも減らしていこうっていうテーマで「**群論がどうしてもわからない君へ**」という授業をやっていこうと思います。

そう聞くと、めちゃくちゃ易しそうなタイトルだから、数式なしの<u>ユルフワリン</u>な授業をするのかなと思うかもしれないけど、そうじゃないんだな。<u>数学的にはめちゃくちゃしっかりやる</u>、ただそれを<u>めちゃくちゃしつこくやる</u>っていう授業をしていこうかなと思います。

この授業をしっかり受講してくれれば、**群論とは何かがわかるし、抽象的な数学への理解の入り口にもなる**と思うから頑張って受けてみてください。

もうね、
成績は伸びるし、部活もうまくいく！

進○ゼミのマンガじゃねえか！
※ヨビノリの動画にこのような効用はございません

みたいなことになっていると思います。（真顔）

では最初に、**抽象的な数学で一番大事な定義**を確認するね。
そもそも群とは何なのかと。
　それじゃあ群の定義を読み上げるね。

> ▶︎ 群の定義
>
> 集合 G 上に **2 項演算子** "∘" が定義され、次の 4 つの条件を満たすならば集合 G は演算 "∘" に関して群であるという。
> (0) 集合 G は演算 "∘" に関して閉じている
> (1) 結合律を満たす
> (2) 単位元が存在する
> (3) 逆元が存在する

　4 つの条件の意味はここから順に追っていくとして、ほとんどの人は冒頭の文章から**は？**ってなると思う。だから、一つ一つ丁寧に確認していこうか。

　まず、「2 項演算子ってなんだよ？」ってなると思うから、そこから話をしていくことにするね。
　はじめに、2 項演算子という言葉の前に、

集合 G 上で

群がどうしてもわからない君へ

って言ってることに注意してほしい。集合の要素のことを**元（げん）**っていうんだけど、まずその元を2つもってくる。これらが2項演算子の2項っていう意味。そして、元を2つもってきて、これから新しい何かを作るっていうのが2項演算子ってやつなんだ。

ところでね、数学だからといって、べつに数に対する演算とは限らないことに注意してほしい。だって、数じゃなきゃだめってどこにもかいてないからね。群論みたいな抽象数学を勉強するときは、特にピュア人間になってほしい。

ピュア人間になれ!!

> ここがpoint！
> 前提知識をなるべくなくす、
> 言われたことだけをピュアに信じていき、
> 1つ1つ丁寧に納得していく

っていうのが抽象度が高い数学を勉強するときのポイントなんだ。

じゃ、集合 G 上の2項演算子の中で、実際に数が対象じゃない例を紹介してみよう。

> **example**　ひらがなの2文字の集合から「たく」という元と「やす」という元を取ってくる。2項演算子 ∘ のルールを左側の名前の1文字目と右側の名前の2文字目を取って2文字の新しい名前にするというふうに決める。
> 　　　　（た く）∘（や す）＝（た す）

みたいなのが2項演算子。ここでは集合 G がひらがな2文字の集合なわけだ。そこから2つとってきて新しいひらがな2文字になったね。

もし対象が普通の数だったら、みんながよく知ってるようなかけ算とか足し算とかも、いわゆる演算子になるよね。でもここではあくまでも、そういったものに限定して考えないことが重要。なるべく広くとらえようね。

でもって、こういう演算が定義されている集合があると。その状態で、次の **4つの条件** について考える。群論などを勉強するときに **定義は大事** って言ったけども、まずはこの条件を覚えてしまおう。

数学で覚えるっていうのを必要以上に毛嫌いする人がいるんだけども、抽象数学をやるうえでは、定義を覚えるっていうことは必要最低限のことなんだ。まぁ、**覚える** っていうとすごくイヤなイメージをもつ感覚もわからなくはないんだけど、自分が思うに、何か創造的なことをするには

覚えるくらい身に染みてないと何もできない！

んじゃないかなと思うんだよね。群論の勉強も同じで、しっかりと理解して色々使いこなしていきたいのなら、定義くらい覚えてしまわないとダメ。だからまず群の定義に関する4つの条件を覚えよう。

今からまた4つの条件を1つ1つあげていくんだけども、これらをみたすならば

集合 G は演算 " $\circ$ " に関して群である

と表現されていることを意識してほしい。つまり、**集合と演算は必ずセット** であるってことね。

たとえば、「この集合 G は群ですか？」って聞かれたりしないってこと。必ず、**集合と演算 " $\circ$ " が1つのセットで群** なんだ。

> ここが point！
>
> **群は集合と演算のセット**

群がどうしてもわからない君へ

まずこれを意識できてない人は群が苦手になってしまう。もう一度しつこく言うね。集合と演算、それらが1つの組になって初めて群と呼ばれるものになる。いいですかね。

では条件0番からスタートしていこう。今、演算子を何でもいいから〝∘〟って書くと

> ▶Ⅱ **群の定義（条件0）**
> (0) 集合 G は演算 〝∘〟に関して閉じている

この**閉じている**っていうキーワードを必ず押さえよう。「なんだよ、**閉じている**って？」と思うかもしれないから、丁寧に説明するね。言葉で説明するとこんな感じになる。

集合 G に含まれる任意の2つの元に対して演算を考えたものが、再び集合 G に含まれること。　　　　　　　　　　　何でもいいってこと、すべての

これをもっと数学的にかいたものが次のやつ。

🚩**数学記号** 集合 G が演算 〝∘〟に関して閉じているとは
$$\forall x, y \in G \text{ に対して } x \circ y \in G$$

$\forall$ という記号は、すべての、任意のっていう意味ね。

つまり、集合 G がある演算について群だっていうことは、G から好きな2つをとってきて演算させたとき、その結果が G の外側にいってはいけないってことね。

たとえば、さっきやった

$$(た く) \circ (や す) = (た す)$$

の例を見てみるよ。ひらがな2文字の集合 G から2つの元を取ってきて演算させた結果も、再びひらがな2文字になっている。これが閉じているということなんだね。じゃぁ閉じてない演算のケースを、同じような例を使って考えてみようか。たとえばこの〝∘〟の効果を変えて、ひらがなを組み合わ

せる効果がある演算子だとする。このとき、

$$(たく) \circ (やす) = (たくやす)$$

となるから、この場合の演算結果（たくやす）はひらがな4文字になってしまう。これでは元々のひらがな2文字の集合から外れてしまってるね。こういうのが閉じてないケースになるわけだ。閉じているというのは、G の中から2つとってきて演算させても必ず G の中っていうことね。わかってきたでしょ？

じゃあ、次の条件にいきましょう。

> ▶|| **群の定義（条件1）**
> **(1) 結合律を満たす**

この結合律とは、次のような性質のこと。

 $\forall x, y, z \in G$ に対して $(x \circ y) \circ z = x \circ (y \circ z)$

（ ）をつけてあるのは、先に演算する部分。つまり、x, y, z に関する演算を考えるときに、

　　　　　はじめに x と y を演算させてからそれに z を演算させる

っていうのと、

　　　　　はじめに y と z を演算させてからそれに x を演算させる

という結果が一致しているということ。これが**結合律**ってやつね。

まぁみんながよく知ってる演算のほとんどがこの性質をみたしていると思う。たとえば足し算やかけ算では演算する順番をかえても答えが同じだもんね。

> 順番を入れ替えるっていうのは、元が3つ並んでるときにどうやって演算させていっても答えが同じってこと。たとえば、2×3×4だったら、2×3をやってから4かけてもいいし、3×4やってから2をかけてもいいということ。

でも今は、こういうものだけじゃなくて、なるべく一般的に考えてるから、知っているものだけで納得するのはナシだからね。

まず、結合律でカン違いしちゃいけないのは、

「"。"の左右をひっくり返してもいいんだ」

って言ってるわけじゃない、ということ。これは単に

元が3つ並んだときに、演算を作用させる順番が自由

っていう意味で、言い換えれば（　）が要らないって言ってるだけね。たとえばかけ算って作用させる順番が自由だから、わざわざ（　）をつけないもんね。逆に"。"の左右をひっくり返してもいいような演算を可換っていうんだけど、その有名な例が足し算やかけ算。3＋2と2＋3は一緒だし、4×5と5×4も一緒だもんね。でもね、一般の演算子はそうとは限らないんだ。

一般に、演算子は可換であるとは限らない！

たとえばさっきの例だったら、ひっくり返したら別の文字になるよ。

> **example** 可換でない演算子の例
> （たく）。（やす）＝（たす）
> （やす）。（たく）＝（やく）

ほらね。(たく)。(やす) だと (たす) になるけど、(やす)。(たく) だと (やく) になるでしょ？
　これで演算は必ずしも可換ではないってことがよくわかったと思う。たとえば線形代数を勉強したことがある人は、行列の積とかを思い出してみてもいい。可換であることと、結合律をみたすことは全くの別物であることが理解できたかな？　もう一度結合律についてまとめると、それは、3つの

元がある順番に並んだとき、その順番のもとでは、演算を作用させる順番が自由だということ。

じゃあ次に行くね。

> ▶❚❚ 群の定義（条件2）
> (2) 単位元が存在する

単位元っていうのは、G の中からとってきた任意の元に対して、右から演算させても左から演算させても効果なし、という性質をもった元のこと。つまり数学的に書くと

 ある $e \in G$ が存在して、$\forall x \in G$ に対して $x \circ e = e \circ x = x$ をみたす

ということ。こういう元を e とかくことにして単位元っていう。これが G の中に含まれてないといけないってことね。たとえば G が実数全体の集合のとき、その単位元は

演算がかけ算だったら 1、演算が足し算だったら 0

ってすぐにわかる。もちろん、ここではもっと一般的な演算を考えているから、あまりそういういうイメージにとらわれすぎないように。こういう条件をみたすものが単位元だということ、ただそれだけ。

じゃ、次の条件。

> ▶❚ 群の定義（条件3）
> (3) 逆元が存在する

これを数学的に表現したものが次のもの。

数学記号 $\forall x \in G$ に対してある $y \in G$ が存在して $x \circ y = y \circ x = e$ をみたす

つまり、「G の任意の元 x に対して、右から演算させても左から演算させても e っていう単位元になるようなものが G の中に入ってなきゃいけませんよ」って言ってるのね。こういう y を x の逆元っていうんだ。

もっとやさしく言いかえると、集合のどの元に対しても、それに何かを演算させれば必ず単位元にできて、そういう何かが必ず集合の中に存在しますよ、っていうことね。大事なことは、この逆元というものは、

「あるものに対してはあるものが、これに対してはこれが、…」

というように、そのそれぞれに存在していればいいのであって、どれも同じものという意味じゃないからね。

たとえば、G が実数の集合で演算はふつうのかけ算で考えてみようか。単位元が1だから、③に対応する逆元は $\frac{1}{3}$、5の逆元は $\frac{1}{5}$ ということになる。また、G が整数の集合で、演算が足し算だとしたら、3の逆元は -3、8の逆元は -8 という具合にね。足し算の単位元は0だったから。

ここまでで定義の話はおしまい。ここからちょっと細かい話をするね。それは、なんで条件の1つめを条件（0）ってかいたかっていう話なんだけど、本によっては「閉じている」ことを2項演算子の定義に含めているものがあ

るのね。だから群の条件は3つだけだと表現される場合があるんだけれど、ここでは混乱しないように明確に分けておいた。いずれにせよ、ここではしっかりとこの 4つの条件 を必ず覚えてほしい。

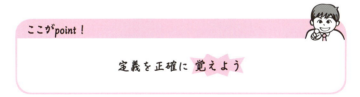

ここがpoint！

定義を正確に 覚えよう

簡単にまとめると、

　　閉じてて　結合律みたしてて　単位元があって　逆元がある

ってことね。

 じゃあ板書見ずに暗唱してみてね。はい！

閉じてて、結合律みたしてて、単位元があって、逆元が存在する

よし。完璧。少しはしゃいじゃって普通にはずかしいわ。

こういうのを覚えておかないと、群論の入り口には立てないからね。

じゃあ次に、**群の例**を考えようか。つまり、実際に4つの条件をみたす集合と演算のセットを考える、ということ。まず集合Zが整数全体の集合で、演算子が＋、いわゆる加法が入っている場合について考えよう。

ここでもう一回聞きます。

群の定義は？　4つの条件は何だった？

ってメッチャしつこいよね。

スラダンの池○のディフェンスくらいしつこいからね。

(0) 閉じていること
(1) 結合律をみたすこと
(2) 単位元を持ってること
(3) 逆元が存在するかどうか

これらを1つ1つチェックしていきましょう。

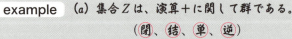

まず、整数と整数を足して整数じゃないものになることはないので、閉じている。また、足し算はどの順番で足してもいいから、結合律もみたしている。単位元はどうかというと、「どんな整数に対しても足し算して数が変わらないもの」なわけだから、0がちょうどこれに対応するよね。じゃあ逆元

は？　たとえば、2 から単位元の 0 にすることを考えると、

$$2 + (\quad) = 0$$

つまり（−2）を足し算すればいいんだね。つまり、ある数の逆元は、いわゆるその符号違い。つまり±が違う数が逆元になってるよね。

以上のことから、整数全体の集合は加法に関して群であるといえるね。

ちなみに

<u>整数は乗法に関して群でない</u>

ということに注意。どうしてかっていうと、<u>逆元が存在しない</u>から。乗法の場合は、単位元は 1 だから、たとえば 3 に何かをかけて 1 にするには、$\frac{1}{3}$ が必要なんだけど、<u>$\frac{1}{3}$ は整数じゃない</u>もんね。だから、整数 Z は乗法に関しては群にならない。

じゃあ次の例にいくね。実数全体の集合 R に＊をつけたものを、R から 0 を除いた集合とする。そして、0 を除いた実数全体が、かけ算に関して群になってるかどうかを調べます。

---

example (b) 集合 R^* は、演算×に関して群である
　　　　　　（閉、結、単、逆）
　　　　　　　　　　 ‖　‖
　　　　　　　　　　 1　逆数

まず<u>閉じて</u>るかどうか。0 を除く実数に何かかけ算をしたときに、0 になることはないよね？　必ず 0 以外の実数になるから閉じているといえる。また、<u>結合律</u>は？　かけ算だからどういう順にかけ算してもいいはずでしょ？　だから結合律もクリア。<u>単位元</u>はどうだろう？　かけ算だから単位元は 1 だよね。どんな実数に 1 をかけてもその数は変わらないから。じゃあ<u>逆元</u>は？

群がどうしてもわからない君へ

たとえば 4 だったら、何をかければ単位元である 1 にできる？ もちろん $\frac{1}{4}$ っていう実数をとってくればいいね。だから、逆元の存在も OK、と。いわゆる<u>逆数</u>ってやつだよね。

以上のことより、0 を除く実数全体の集合は乗法に関して群になる。

ここで、<u>なんで 0 を除いたか</u>っていうと、じつは、0 が入っていると群にならないんだよね。どうしてかっていうと、それはズバリ <u>0 の逆元がない</u>から。「0 の逆元って 0 なんじゃないの？」って一瞬思うかもしれないけど、ここでは単位元が 1 だからダメだよね。0 に 0 をかけても 1 にならないから。0 に何か実数をかけて 1 にすることはできないからね。だから実数全体の集合は乗法に関して群にならないんだ。という理由から 0 を除いた R^* を考えた。理解できた？

では次の例に行きましょう。考える集合が、1 だけからなる集合だとしよう。1 という数が 1 つだけ入っている集合が乗法に関して群になっているかどうかを考えようか。

> **example** (c) 集合 {1} は、演算 × に関して群である
> （閉、結、単、逆）
>   ‖ ‖
>   1 1

まず閉じているかどうか。今回、集合の中には 1 つの元しかないわけだから、考える 2 項演算は 1×1 だけ。これは 1 になるから<u>閉じ</u>ている。

<u>結合律</u>は？ かけ算だからみたしてる。

<u>単位元</u>は 1 自身だね。1 に 1 をかけたら 1 になるもんね。

<u>逆元</u>は？ つまり 1 の逆元を考えればいいんだけども、これも 1 自身でいいよね。

だから集合 {1} は乗法に関して群になっている。

こういう自明な群もあるよってことね。少し変わった例だけど、しっかり

と群の定義をみたしているから群になってるんだね。

じゃ、ラストの例。線形代数をやったことのない人はパスしてもいいよ。

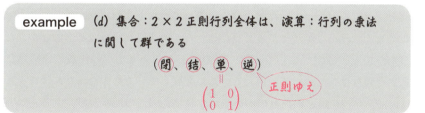

example (d) 集合：2×2 正則行列全体は、演算：行列の乗法に関して群である

（閉、結、単、逆）

単 $= \begin{pmatrix} 1 & 0 \\ 0 & 1 \end{pmatrix}$　逆：正則ゆえ

2×2 の正則行列どうしをかけ算しても 2×2 の正則行列になるから閉じている。正則行列どうしの積が正則行列になるってことは線形代数で扱う定理。忘れててもいいけどしっかり閉じてる。

結合律は？　行列の積もかける順番は自由だったからしっかりとみたしている。

単位元は今回なんでしょう？　$\begin{pmatrix} 1 & 0 \\ 0 & 1 \end{pmatrix}$ つまり 2×2 の単位行列だね。単位行列自体も正則行列だもんね。det が 0 でないからね！　だから、今回考えてる集合に入っている。

で、逆元の存在は正則行列の定義から明らかだね。正則行列が逆行列を持つ行列のことだったから。だから今回の場合、逆行列がちょうど逆元になるってこと。

はい。
ここまでで群が何かっていうことが
よくわかったと思う。
ン？　何？　これで、もう数学力が
グングン伸びます！って？
……
ちょっと何言ってるのかわからないね。

最後に、群の魅力について少し話しておしまいにしようと思います。

　群論を勉強する楽しさっていうのは、その根本さ、一般さにあるのね。何を言ってるのかっていうと、群の定義ってめちゃくちゃ基本的なものだったでしょ。みんなが知ってる計算だったら、普通成り立ってるものばかりだった。でも、数学っていうのは、群の定義みたいな１つの代数的な構造に次々と肉付けしていって、色んな分野に発展していくものなんだね。たとえば、正多面体群というものがある。これは、図形の回転が群になるというものなんだけど、こういうものも群の定義をしっかりとみたすんだ。つまりここでは、群っていうものに対して、図形的なイメージが肉付けされてるってわけ。じつは線形代数だって、今回扱った群論にいろいろ肉付けした分野なんだ。どんなに見かけの違う数学も、「群の定義をみたす」という同じ代数的構造をもっていたら、そのどれもが共通の性質をもつ。

　今回はその証明を紹介できないけども、たとえば、群の性質として、

単位元は必ず一意に定まる

というものがあって、単位元を１つの記号 e で表せることを保証してくれている。あとは逆元の一意性もある。つまり、

元 a の逆元も一意に定まる

ということが示せるから a の逆元を a^{-1}（a インバース）と書くことがある。こういうものも全て群の定義だけから示すことができる。そして、そういったものが、様々な分野で色々な名前で呼ばれたりしている。本質は同じことなのにね。つまり、群というのは骨なんだ。

ここが point！

群の代数的構造は「骨」

それに色んな肉付けをしていったものを、我々は学んでるんだ。
　だから、別の数学をやっていて、めちゃくちゃ似た定理が成り立っていることを知ったとする。このとき、群論について何も知らなかったら

　　　「すごい偶然だなぁ、奇跡だなぁ！」

としか思わないわけなんだけど、群論を知ってる人からすれば、

「そもそも代数的構造が同じだから、
　この分野でもこういう性質をもつはずだ」

って思えるんだね。そういうふうに、数学を1つ上の視点から眺めることができるようになることが、群論を勉強する大きなモチベーションだと思います。
　群論を勉強するとね、そこに肉付けされたものである線形代数のこともよくわかってくる。実際に、自分は線形代数で初めて出会った「商空間」っていうものが全然わからなかったんだけど、群論を勉強したときに、その意味がスッと入ってきたことがある。このように、シンプルさゆえのわかりやすさというのも群論の魅力の1つかなって思います。

ここがpoint！

群論を学ぶことで他分野の理解も深まる

引き続き楽しんで勉強していきましょう。
お疲れさまでした。

講義No.6 板書まとめ

群がどうしてもわからない君へ

●定義

集合 G 上に 2項演算子 "∘" が定義され、(ex. (たく)∘(やす)＝(たす))

次の 4つの条件 を満たすならば

集合 G は演算 "∘" に関して群であるという。

（覚・必ずセット）

(0) 集合 G は演算 "∘" に関して 閉じている
　※ $\forall x, y \in G$ に対して $x \circ y \in G$
(1) 結合律 を満たす
　※ $\forall x, y, z \in G$ に対して $(x \circ y) \circ z = x \circ (y \circ z)$
(2) 単位元 が存在する（$e \in G$）
　※ ある $e \in G$ が存在して、
　　 $\forall x \in G$ に対して $x \circ e = e \circ x = x$ をみたす
(3) 逆元 が存在する（$y \in G$）
　※ $\forall x \in G$ に対してある $y \in G$ が存在し、
　　 $x \circ y = y \circ x = e$ をみたす

●群の例
(a) 集合 Z、演算 $+$
    (閉、結、単、逆)
            $\parallel$ $\parallel$
            0 $\pm$

(b) 集合 R^*、演算 $\times$
    (閉、結、単、逆)
            $\parallel$ $\parallel$
            1 逆数

(c) 集合 $\{1\}$、演算 $\times$
    (閉、結、単、逆)
            $\parallel$ $\parallel$
            1 1

(d) 集合：2×2 正則行列全体、演算：行列の乗法
    (閉、結、単、逆)
        $\begin{pmatrix} 1 & 0 \\ 0 & 1 \end{pmatrix}$ 正則ゆえ

群がどうしてもわからない君へ

解析

講義 No.7

ガウス積分の証明

はいこんにちは。

今回の授業はガウス積分の証明をやっていこうと思います。

まず、**ガウス積分**ってどういうものかっていうと、こんなものだったね。

▶┃ ガウス積分

$$\int_{-\infty}^{\infty} e^{-x^2} dx = \sqrt{\pi}$$

むちゃくちゃ綺麗

とくに、統計学とか物理学を勉強していると、この積分ってけっこう頻繁に出てくるんだよね。まず、これの何が重要かっていうことを話しておくね。そもそも積分って、

　　　　たいていの関数は積分してもめちゃくちゃ複雑

だったり、

　　　　解析的に積分できないことが多い

のね。だけどガウス積分で出てくるのは、$\sqrt{\pi}$ っていうむちゃくちゃきれいな形だから、統計学とか物理学の結果自体がきれいになることが多いんだよね。ガウス積分って偉いよね。

ガウス積分の証明

この動画を毎回見てくれてる人にとったら、

あれ？　あいつ
冒頭 10 秒で必ずボケるのに
今回ボケ忘れてないか？
って思うかも知れないけど、

うるせえ！
どうせ両手で数えられるくらいしか
友達いないくせに

え？　数えられるわけねえだろって？

引っかかった。
おれは数えられる。
だって、1023 まで 2 進法でやれば数えられるからね。
見ててね。友達の数でしょ？
1．2．3．4．5．……

・・・
・・・

　ガウス積分の図のイメージをかいてみようか。

　まず、$y = e^{-x^2}$ のグラフをかいてみると、$x = 0$ のとき $y = 1$ だから $(0, 1)$ を通る。そして、e^{-x} という形の指数関数より速く減衰するはずだから、その形は、端の方でどんどん x 軸に近づいていく。

　それで、$-\infty$ から ∞ に渡って積分するわけだから、次の図の**斜線部分で塗った部分の面積**を考えるのと同じことだよね。ガウス積分は、この面積が $\sqrt{\pi}$ になりますって言ってるんだね。

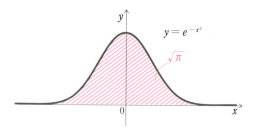

じゃ、この<mark>証明</mark>を追っていくことにしましょう。

まずこの積分を I っておこうか。だから、I の値を求めたら終了ってことね。

$$I = \int_{-\infty}^{\infty} e^{-x^2} dx$$

この積分を1変数の積分として、そのままゴリゴリ解く方法もないことはないんだけども、なかなか大変な計算になるから別の方法を紹介するね。

それが、<u>すごくトリッキーな方法</u>なんだけど、まずは I を2乗しようか。そして、右辺はわざと2乗ってかかずに、同じ形を2個かくことにする。

$$I^2 = \left(\int_{-\infty}^{\infty} e^{-x^2} dx \right) \cdot \left(\int_{-\infty}^{\infty} e^{-x^2} dx \right)$$

いま右辺の積分はどちらも同じ変数 x を使ってるけど、べつにこの x って文字は何に変えてもいいよね。だから、2個目の積分の変数を x から y に変更しようか。そうするとこうなるよね。この積分は x のぶん、この積分は y のぶんね。

$$= \left(\int_{-\infty}^{\infty} e^{-x^2} dx \right) \cdot \left(\int_{-\infty}^{\infty} e^{-y^2} dy \right)$$

$x \leftrightarrow y$ と変更

$$= \int_{-\infty}^{\infty} \int_{-\infty}^{\infty} e^{-(x^2+y^2)} dx\, dy \quad \text{面積分}$$

最後に被積分関数を1つにまとめてみた。よく見てみると、これは**面積分**になってるでしょ？ つまり、1変数の積分を2乗することによって**面積分**に変えたわけだ。

面積分を忘れてる人や、そもそも知らない人も多いと思うから、少しだけ復習しよう。

横幅が dx、縦幅が dy という微小面積とともに、その点 (x, y) での $e^{-(x^2+y^2)}$ の値を、全平面でかけて足し合わせたものが、この面積分の値になってるってこと。

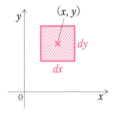

$$\int_{-\infty}^{\infty}\int_{-\infty}^{\infty} e^{-(x^2+y^2)}\, dx\, dy$$

もともとの積分より複雑になった気がするかもしれないんだけど、じつはこうしたのには理由があって、それは x^2+y^2 っていう形を作るためなんだ。これがポイント。この形はある変数変換をするともっときれいな形になるんだね。

それが、極座標。こんなふうに変数変換しようか。

$$x = r\cos\theta, \quad y = r\sin\theta$$

まず、積分範囲を考えよう。元々 xy 平面の全平面を考えていたわけだから、極座標でもそのような区間を動かなければならない。だからまず、θ は 0 から 2π まで一周しなければならない。そして、r の範囲は、0 から ∞ まで動けばいい。それで全平面を覆えるからね。

だからまとめると偏角 θ は 0 から 2π、動径 r が 0 から ∞。

次に被積分関数はどうかというと、e の肩にある x^2+y^2 は、$x=r\cos\theta$、$y=r\sin\theta$ を入れれば $\cos^2\theta+\sin^2\theta=1$ より r^2 になるよね。θ は消えたよね。これがポイント。つまり、被積分関数は e^{-r^2}。

$$x^2+y^2 = (r\cos\theta)^2 + (r\sin\theta)^2 = r^2(\cos^2\theta+\sin^2\theta) = r^2$$

じゃ、微小面積の $dxdy$ はどうなるかという問題について考えよう。極座標の微小面積は、$drd\theta$ ではなかったよね。今回の趣旨とは違うから簡単に説明することにして、少しだけ**おさらい**するね。

これは、図でかくとわかりやすいね。いま r が dr だけ増えて、θ が $d\theta$ だけ増えたときに掃く面積を求めたい。

だから、下のような図をかこうか。そしてそこに現れたパイナップルみたいな形の部分の面積を求めればいい。これが極座標における微小面積。この部分の面積を ds っておこう。つまり直交座標の $dxdy$ に対応するものだ。

直交座標ではね、x, y がそれぞれ dx と dy だけ動いたら、その面積は $dxdy$ になるんだけども、極座標の場合は r と θ が dr と $d\theta$ だけ動いても、その面積は $drd\theta$ にならない。じゃ、どうなるか。

まず、半径が $r + dr$ の扇形の面積を求めよう。それは扇形の面積の公式から、

$$\pi (r + dr)^2 \times \frac{d\theta}{2\pi}$$

だったね。そしていま、本当はパイナップルの部分の面積 ds を求めたいわけだから、ここから半径 r の扇形の面積を引けばいいよね。だから、こうなる。

$$ds = \pi (r + dr)^2 \times \frac{d\theta}{2\pi} - \pi r^2 \times \frac{d\theta}{2\pi} = rdrd\theta + \frac{1}{2}(dr)^2 d\theta$$

無視！

2次　3次

ここで、$rdrd\theta$ は 2 次の微小量、$\frac{1}{2}(dr)^2 d\theta$ は 3 次の微小量だから、高次

な方は無視しようか。そうすると、ここで残るのは最小の次数である

> そういう無視を数学的に正当化してくれるのが dr や $d\theta$ などの無限小なんだ

$rdrd\theta$ のみ。これが極座標での微小面積になります。だから、いま考えていた積分は

$$I^2 = \int_0^{2\pi} \int_0^{\infty} e^{-r^2} r dr\, d\theta$$

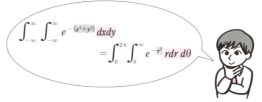

となる。大丈夫だよね？

じつはこの形、もう積分が簡単な形になってるんだ。順にやっていくね。まず、被積分関数の $e^{-r^2}r$ は θ に関係ないから $d\theta$ を外に出せるね。

$$\int_0^{2\pi} \int_0^{\infty} e^{-r^2} rdr\, d\theta = \int_0^{2\pi} d\theta \int_0^{\infty} re^{-r^2} dr$$

ここで、□の積分は

$$\int_0^{2\pi} d\theta = \left[\theta\right]_0^{2\pi} = 2\pi - 0 = 2\pi$$

となって計算が簡単にできるんだけども、

$$\int_0^{\infty} re^{-r^2} dr$$

の部分は、どうやって計算しようか？ 積分ってそもそも、微分したら被積分関数になる形を見つけたらいいんだよね。だからここでは微分したら re^{-r^2} になるものを考えればいい。たとえば $-\dfrac{1}{2} e^{-r^2}$ だったらいいんじゃない？微分したらこうなるもんね。

$$\left(-\frac{1}{2} e^{-r^2}\right)'$$
$$= -\frac{1}{2}(e^{-r^2})' = -\frac{1}{2}(-r^2)' e^{-r^2} = -\frac{1}{2} \cdot (-2r) e^{-r^2} = re^{-r^2}$$

そうすると、

$$\int_0^{2\pi} d\theta \int_0^{\infty} re^{-r^2} dr = 2\pi \left[-\frac{1}{2} e^{-r^2} \right]_0^{\infty} = 2\pi \left\{ 0 - \left(-\frac{1}{2} \right) \right\} = \pi$$

$$\boxed{-\frac{1}{2} e^{-\infty} - \left(-\frac{1}{2} e^0 \right) = 0 - \left(-\frac{1}{2} \right)}$$

つまり I^2 は π になるんだね。いいですかね？

そして、$I = \pm\sqrt{\pi}$ にしたくなる気持ちもわかるんだけども、I は正だね。だってガウス積分は面積だったから。よって、

$$I = \sqrt{\pi}$$

が答えとなる。I は元々ガウス積分の結果を文字でおいたものだったから、これで最初にかいた公式の導出ができたよね。今回は短いけれどこれでおしまい。

お疲れさまでした。

講義No.7 板書まとめ

ガウス積分の証明

$$\int_{-\infty}^{\infty} e^{-x^2}\,dx = \sqrt{\pi}$$

<証明>

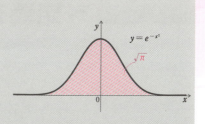

$I = \int_{-\infty}^{\infty} e^{-x^2}\,dx$ とおく

$$I^2 = \left(\int_{-\infty}^{\infty} e^{-x^2}\,dx\right) \cdot \left(\int_{-\infty}^{\infty} e^{-x^2}\,dx\right)$$

$x \leftrightarrow y$ 入れ換え

$$= \int_{-\infty}^{\infty}\int_{-\infty}^{\infty} e^{-(x^2+y^2)}\,dx\,dy \quad \text{面積分}$$

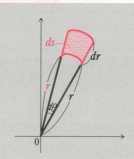

$x = r\cos\theta, \quad y = r\sin\theta$ とおくと

$$I^2 = \int_0^{2\pi}\int_0^{\infty} e^{-r^2}\,r\,dr\,d\theta$$

$$= \int_0^{2\pi} d\theta \int_0^{\infty} re^{-r^2}\,dr \quad \text{微}$$

$$= 2\pi \left[-\frac{1}{2}e^{-r^2}\right]_0^{\infty} = \pi$$

$I > 0$ より

$I = \sqrt{\pi}$

$$ds = \pi(r+dr)^2 \times \frac{d\theta}{2\pi} - \pi r^2 \times \frac{d\theta}{2\pi}$$

$$= r\,dr\,d\theta + \frac{1}{2}(dr)^2\,d\theta$$

2次　3次

線形代数

講義 No.8

ベクトル空間①
〜定義を理解する

メッチャ勉強したのに
試験本番で寝ぶっちしてしまう大学生
とかけまして
指先をはちみつにつけた人ととぎます

その心は
どちらもつめが甘いでしょう

たくみです

　線形代数っていうのは大きく分けて 2 つの側面があるんだね。1 つは行列の計算とかをバリバリやっていく
①**具体的な側面**
もう 1 つは集合や演算について深く考えていく
②**抽象的な側面**

　多くの場合、理系の大学生が「線形代数が難しい」って言うときは、②**抽象的な側面**で悩んでるケースが多い。そういうものが試験範囲に含まれる時期に、Twitter で**線形代数**って検索すると、悩んでる大学生がバーッと出てきて、

ベクトル空間①〜定義を理解する

っていうつぶやきが無数に見つかるんだよね。たしかに初学者にとってはかなり難しい部分だから仕方ないね。今回はそういう抽象的な線形代数のスタート地点であるベクトル空間について、3回に分けて授業をしていくね。今回の**1回目**の講義では、定義について扱っていこうと思います。

ふつう、**ベクトル**っていう単語を聞いたときに想像するものは、高校で習ってきた矢印だよね。

ベクトル

「ベクトルくらい知ってるよー」「3次元か2次元の中にある矢印のことでしょ」って言うかもしれないけど、そういう言い方って

じゃないかな。大学の数学では、こういうあいまいな定義、ゆるふわな定義を嫌うんだよね。

だから、こう考えることにしよう。

ベクトルとはどのような性質をもつものか？

そして逆に、

こういう性質をもつものをベクトルと呼ぼう！

って考える。その結果、元々の「ベクトルは矢印」っていうものより広い意味をもつようになった。こんなふうに。

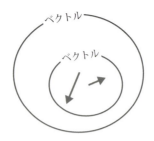

そうしたら結局、

あれ？　これって矢印じゃなくてもよくね？

っていうことになったのが大学数学のベクトル（だと思って勉強するとわかりやすい）。だから矢印のベクトルの名前を変える必要があるんだけど、これを特別に**幾何ベクトル**と呼ぶことにしようか。幾何っていうのは図形という意味だから、そういった図形的なベクトルを**幾何ベクトル**って呼ぶんだね。

　だから高校で習ったベクトルは、広い意味でのベクトルの特殊なケースにあたるんだね。

　じゃあ、大学数学のベクトルって何だよ？って思うかもしれないね。それはね、ベクトルとは、**ベクトル空間の元**って定義されてるんだ。こういうものをベクトルとしましょうってことね。元っていうのは集合の要素のこと。そして、この**ベクトル空間**というのが今回の講義のタイトルになっているやつ。これは何かっていうと

ベクトル空間①〜定義を理解する

ベクトル空間＝ある特殊な性質を持った集合

のこと。だから、そういう性質を持った集合の要素（つまり元）がベクトルなんだ。

ベクトル＝ベクトル空間の元

何でこんな抽象的な定義になるんだよ！　って思うかもしれないんだけど、これは数学ではよくやることなんだ。何か具体的なものを考えるより、ものごとを抽象的に考える理由というのは、一般的になりたつ事実を調べたいからなんだ。これが議論を抽象化するうれしさ。

たとえば矢印だけで考えたら、矢印のときになりたつ性質しか導き出せないよね。でも、ベクトルをベクトル空間の元っていう広い意味でとらえると、その意味で成り立つ定理というのは、その特別な場合である矢印のときでも当然成立するわけだからね。

> **ここがpoint！**
> 抽象的にするということは、議論をより一般的にして適用範囲を広くすること

これが数学の魅力だから、ぜひともこういう考え方に慣れていってほしい。

じゃあさっそくベクトル空間とはどういうものかという話をしていくね。

> **▶∥ ベクトル空間の定義**
>
> （空でない）集合 V について
>
> > V の任意の元 a, b に対して $a + b \in V$,
> > V の任意の元 a と実数全体の集合 $\mathbf{R}$ の任意の元 k に対して $ka \in V$
>
> <u>ベクトル空間の公理</u>
> という演算が定義されていて、次の 1〜8 をみたすとき V を $\mathbf{R}$ 上のベクトル空間という。

（あとで説明するよ。）

空でない集合とついている理由は、空な集合だと元が何もとれないからだね。まず、

<mark>空でない集合 V について、V の任意の元 a, b に対して</mark>

っていう部分を見てほしいんだけども、ベクトル空間の元、つまりベクトルは太字でかく習慣がある。高校数学のときみたいに矢印をつけると図形的な意味合いがどうしても強くなるからね。だから広い意味をもたせるために太字でかくんだ。

$$a, b$$

（ベクトルは太字で書く!!）

そして、$a + b$ というものを考える。こういうベクトルどうしの足し算のような記号で書く演算をベクトル加法っていう。

<mark>$a + b \in V$</mark>

（ベクトルのことね）

これが何を意味するのかというと、集合 V から好きな 2 つの元をとってきて、それらを足し合わせた結果がしっかり集合 V の要素になっているということ。こういうのを閉じてるっていうんだけども、ここではそういう演算が定義されているということだね。

つぎに、集合 V の任意の元 a と集合 $\mathbf{R}$ の任意の元 k に対して、a の k 倍みたいな形でかかれる ka というものもまた、集合 V の元になるっていっている。

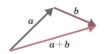

ここでもしっかり閉じているわけだね。この演算をスカラー乗法っていう。これがここで考える2つめの演算。

なぜこれをスカラー乗法って呼ぶかというと、その理由は幾何ベクトルにある。幾何ベクトルで考えたとき、ベクトルを k 倍する操作って拡大とか縮小に対応したでしょ？ つまり、ベクトルの大きさを変えるものだった。そのように、**スケール**（scale）を変換すると演算だから**スカラー**（scalar）乗法って呼ばれてるんだ。

$\mathbf{R}$ は実数全体の集合のことなんだけど、$\mathbf{R}$ の元をベクトルと対比させて、ここではスカラーって呼ぶ。だからベクトル加法はベクトルとベクトルの演算、スカラー乗法はスカラーとベクトルの演算ってことね。

こういう演算が定義されていて、次のページで説明する8個の性質（ベクトル空間の公理）をみたすものを、$\mathbf{R}$ 上の**ベクトル空間**、または**線形空間**っていうんだ。これがベクトル空間の定義ね。

「ベクトルどうしの和なんて知ってるよ！」

「矢印の始点と終点をつなげばいいんでしょ！」

っていう声が聞こえてきそうだけど、それって単に幾何ベクトルでのことでしょ？ ここではもっと一般的に考えていることを思い出そう。より抽象的に、

得体のしれないものに対して
＋という演算で第三の要素を生み出す

ぐらいに思ってほしい。

だから高校数学までのベクトルという固定観念にとらわれず、柔軟に聞いてね。つまりここでは「ベクトル」という得体のしれないものについての演算を考えていて、その1つがベクトルとベクトルの和（のようなもの）と、もう1つがスカラーとベクトルの積（のようなもの）であるということ。それ以上でもそれ以下でもない。

　まだふわふわしてよくわからないと思うけど、ここから具体的な公理とかベクトル空間の例を話すので、徐々に理解していってね。

　じゃあ、**ベクトル空間の公理**を列挙してみよう。

▶∥ **ベクトル空間の公理**

$k, l \in \mathbf{R}, \quad a, b, c \in \mathbf{V}$ とする

1. ベクトル加法の結合律
$$(a+b)+c = a+(b+c)$$

2. ベクトル加法の可換律
$$a+b = b+a$$

3. ベクトル加法の単位元の存在
　ある $0 \in V$ が存在して、任意の $a \in V$ に対して $a+0=a$

4. ベクトル加法の逆元の存在
　任意の元 $a \in V$ に対して、$a+x=0$ となる $x \in V$ が存在

5. ベクトル加法に対するスカラー乗法の分配律
$$k(a+b) = ka + kb$$

6. 体の加法に対するスカラー乗法の分配律
$$(k+l)a = ka + la$$

7. 体の乗法とスカラー乗法の両立条件
$$k(la) = (kl)a$$

8. スカラー乗法単位元の存在
$$1a = a$$

ベクトル空間①〜定義を理解する

ここで思い出してほしいのは、「幾何ベクトルが持つべき性質を逆にベクトルの定義とする」っていう話。だからここで話す 1 から 8 の全てが

幾何ベクトルなら当然成り立つ

からね。ここでベクトルと呼ぶものは、もっと広い意味のものだから、計算するときにも細心の注意を払ってほしい。つまり、よくわからないものに対する演算には、メッチャビビッてほしいということ。言われた性質以外、勝手に使っちゃだめだからね。

じゃ、ビビりながらやっていこう。まずは 1 つめ。

 ベクトル加法の結合律
$$(a+b)+c=a+(b+c)$$

$a+b$ に c を足したものと、a に $b+c$ を足したものは同じって言ってるんだけど「当たり前」じゃないからね。自分たちはベクトルのことをまだ何も知らないわけだから。ここでは、ベクトルなら「こういう性質をみたしてほしい」という想いをこめてそう要請しているだけ。じゃあ 2 つめ。

 ベクトル加法の可換律
$$a+b=b+a$$

これは $a+b$ と $b+a$ が同じものって意味だね。もちろん、幾何ベクトルだったら当然成立してる。

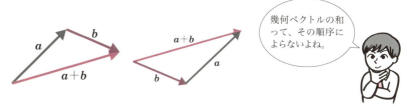

幾何ベクトルの和って、その順序によらないよね。

こういうのを**可換律**っていって、これも成り立つように要請する。じつは、この可換律が成り立つような演算を、数学ではよく「＋」っていう記号であらわすから、今回もそれを使ってるんだね。じゃあ 3 つめ。

ベクトル加法の単位元の存在
ある $0 \in V$ が存在して、任意の $a \in V$ に対して $a + 0 = a$

単位元っていう用語に慣れてほしいんだけど、単位元っていうのは「演算をしても何も変わらないもの」という意味。特に加法の単位元は零元といって、よく 0 と書かれる。特に今はベクトル加法を考えているから、零ベクトルとも呼ばれたりするよ。

この**零ベクトル**が、集合の中になきゃいけません、ってことを要請してるのが公理3。じつはこういう零ベクトルは1つしかないことがベクトル空間の性質から証明できるから、こういう特別な記号 0 を使うのね。たとえば、普通の数の足し算に対する 0 のこと。何に対しても影響を与えないもんね。だからそれと同じ 0 という記号を使っているというわけ。じゃあ次。

 ベクトル加法の逆元の存在
任意の元 $a \in V$ に対して、$a + x = 0$ となる $x \in V$ が存在

この**逆元**っていう単語にも慣れてほしい。これが何かっていうと、所定の演算に関して、ある元を単位元に変えてしまうもの。こういう元を逆元っていうんだね。　　　　　　　　　　　何でもいいから V の中から取ってきた元

じゃ、式を使って説明するね。どんなベクトル $a \in V$ を取ってきても、$a + x = 0$ っていうふうに単位元にしてしまう x が集合 V の中に存在すると
公理3で出てきた零元のこと

いうこと。ふつうの足し算でいったら a に対する $-a$ のことだね。$a + (-a) = 0$ になるから。じつはこれ

各 a に対してそれぞれ1つしか存在しない

ことがベクトル空間の性質から証明できるから、$-a$ っていう記号でかいたりする。

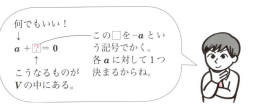

これを a の逆元っていうのね。こういうものが、あらゆる a に対して存在しなきゃいけない。幾何ベクトルだったら、大きさが同じで向きが逆の矢印のことだよね。

じゃ、次にスカラー乗法に関する性質をみていきましょう。

 ベクトル加法に対するスカラー乗法の分配律
$$k(a+b) = ka + kb$$

これは、ベクトル加法をとった $a+b$ にスカラー k をかけたとき、いわゆる「分配法則」が成り立ちますように、という要請のこと。

で、6番め。

 体の加法に対するスカラー乗法の分配律
$$(k+l)a = ka + la$$

体っていうのはここでは実数 R の集合のことね。

体 ＝（ここでは）実数

実数どうしの足し算をしてから、それをスカラー倍した $(k+l)a$ と、それぞれスカラー倍したものの和を取った $ka+la$ が同じである、という要請。まあよくわかんねーって思うかも知れない。だってこれ、当然のように見えるもんね。でも、全然当然じゃないから注意してね。

この式の中には、本来別物であるはずの「スカラーの＋」と「ベクトルの＋」が乱用されてるんだけど、そういう乱用が許されるように、っていう要請なんだね。そうすれば分配法則がみたされるわけだ。じゃあ次。

 体の乗法とスカラー乗法の両立条件
$$k(la) = (kl)a$$

これは、実数どうしの乗法とスカラー乗法をとる順番は自由っていう要請。つまり、la っていうベクトルに k というスカラーをかけたものと、k と l を普通にかけてから、それらをまとめてベクトル a にかけたものが同じという意味。じゃあラスト。

 スカラー乗法単位元の存在
$$1a = a$$

つまり、1倍してもベクトルは同じっていう要請なんだけど、これも当然に見えて当然じゃないんだね。なぜかというと、やっぱりここでもまだスカラー乗法っていうのは得体のしれない計算だから。幾何ベクトルだったら、単に大きさを1倍するだけだから当たり前なんだけど、そういう当たり前を排除していかないといけないんだよね。ここでは、「一般のベクトル a も1倍すると a になる」という新しい話としてとらえること。

これで、ベクトル空間の公理はすべておしまいね。ここからは、本当にこの8個の公理で幾何ベクトルで成り立つべき性質がきちんと成り立っているか、ってことをチェックしていきましょう。
じゃあ、幾何ベクトルだったら成り立っていてほしい性質を2つピックアップするね。

example 成り立ってほしい性質①
$$0a = 0$$
(スカラー)　(ベクトル)

幾何ベクトルだったらこれは普通に成り立つもんね。注意してほしいのは左辺の 0 はスカラーだけど、右辺の $\bm{0}$ はベクトルだということ。しっかり太字で区別されてるよね。これを証明してみよう。

まず、公理 6 で $k = l = 0$ とすると、左辺のスカラーは $0 + 0$ で 0 になるよね。だから　　　　　　　　　　　　　　　　　　$(k+l)\bm{a} = k\bm{a} + l\bm{a}$

$$0\bm{a} = 0\bm{a} + 0\bm{a}$$

となることはわかる。いま公理 4 を思い出すと、$0\bm{a}$ っていうベクトルに
　　任意の元 $\bm{a} \in V$ に対して、$\bm{a} + \bm{x} = \bm{0}$ となる $\bm{x} \in V$ が存在
も逆元が存在するはずだから、両辺に $0\bm{a}$ ベクトルの逆元 を加えてみる。

　　　　　　　　　　　　　　　　　　$-0\bm{a}$ という記号で
　　　　　　　　　　　　　　　　　　書くんだったね。

$$0\bm{a} + (-0\bm{a}) = 0\bm{a} + 0\bm{a} + (-0\bm{a})$$

逆元っていうのは、足し算をすると零ベクトルになるのが特徴だから、⎵ の部分は $\bm{0}$ になるよね。だから、

$$\underline{\bm{0}} = 0\bm{a} + \underline{\bm{0}}$$
$$\therefore 0\bm{a} = \bm{0}$$

となる。零ベクトルっていうのはどんなベクトルに足し算しても影響を与えないものだったからね。これで、性質①の証明が終了。

じゃ、2 つめ。

---

example　成り立ってほしい性質②
$$(-1)\bm{a} = -\bm{a}$$

つまり $\bm{a}$ を -1 倍したものが、$\bm{a}$ の逆元になってるかを確認したい。いま考えている一般的なベクトルの場合にも、これを公理から示すことができる。公理 6 で $k = 1, l = -1$ とすると、　　　　　$(k+l)\bm{a} = k\bm{a} + l\bm{a}$

$$0\boldsymbol{a} = 1\boldsymbol{a} + (-1)\boldsymbol{a}$$

性質①を使うと $0\boldsymbol{a} = \boldsymbol{0}$ だから、これとセットで公理 8 を使うと

$$\boldsymbol{0} = \boldsymbol{a} + (-1)\boldsymbol{a}$$

> $1\boldsymbol{a} = \boldsymbol{a}$

となる。次に、両辺に $\boldsymbol{a}$ の逆元を加える。

$$0 + (-\boldsymbol{a}) = \underbrace{\boldsymbol{a} + (-\boldsymbol{a})}_{=\ \boldsymbol{0}} + (-1)\boldsymbol{a}$$

$$-\boldsymbol{a} = (-1)\boldsymbol{a}$$

> 間に逆元を挿入できるのは
> ①結合律と
> ②可換律
> のおかげだね

よって、この左右をひっくり返すだけで、

$$(-1)\boldsymbol{a} = -\boldsymbol{a}$$

を得る。これで $\boldsymbol{a}$ を -1 倍したものが、しっかり $\boldsymbol{a}$ の逆元になることがわかったね。

最後に発展的な話をしておしまいにしましょう。今回扱ったスカラーは、実数全体の集合 **R** の元、つまり実数だったわけだけど、じつは **R** でなくても、

複素数でもいい

んだ。そして、**R** を考える場合は実ベクトル空間、複素数を考える場合は複素ベクトル空間って呼ばれたりする。

もっと勉強が進むと、より一般に、ベクトル空間は

任意の体上で構成できる

ものだとわかる。むちゃくちゃ簡単化していうと、

体とは四則演算ができる数の集合のこと

だからベクトル空間ってじつはもっと広く考えられる。ただ実用上は、実数

R 上や複素数 **C** 上のベクトル空間ばかり考えるから、ここではそこまで踏みこまないでおくね。今後の楽しみにとっておこう。

　もう1点、混乱しないために言っておこう。今回扱ったベクトル空間の公理は8個あったんだけど、本によっては7個だったりするんだね。それはなぜかというと、ベクトル空間の公理の書き方は一通りじゃないからなんだ。
　たとえば、今回の授業でやったベクトル空間の公理の3と4にあたる単位元と逆元の存在なんかは1つの式にまとめられたりする。だから、本によっては公理の数が違うかもしれないんだけど、どれも実質的には同じことだから焦らないでね。その点にだけ注意してくれれば、混乱を避けられるかなと思います。

　まだこの段階では、よし分かった！　ってならないと思うので、続くベクトル空間②、③の授業で理解を深めてくれたらなと思います。
　じゃ今回はこれでおしまいにしましょう。
　お疲れさまでした。

講義No.8 板書まとめ

ベクトル空間①〜定義

<定義>

(空でない) 集合 V について
V の任意の元 a, b に対して
$\boxed{a+b \in V}$, ← ベクトル加法
V の任意の元 a と $\mathbf{R}$ の任意の元 k に対して
$\boxed{ka \in V}$ ← スカラー乗法
が定義されていて、
次の $\boxed{1\sim8\text{の性質}}$ をみたすとき ← ベクトル空間の公理
V を $\mathbf{R}$ 上のベクトル空間という。

(元 a, b に対する線は「ベクトル」を指す)

「ベクトル空間」の元
幾何ベクトル

1. ベクトル加法の結合律
   $(a+b)+c = a+(b+c)$
2. ベクトル加法の可換律
   $a+b = b+a$
3. ベクトル加法の単位元の存在
   ある $0 \in V$ が存在して、
   任意の $a \in V$ に対して $a+0 = a$
4. ベクトル加法の逆元の存在
   任意の元 $a \in V$ に対して、
   $a + \boxed{x}\!=\!0$ となる $x \in V$ が存在 ($x = -a$)
5. ベクトル加法に対する
   スカラー乗法の分配律
   $k(a+b) = ka + kb$
6. 体の加法に対する
   スカラー乗法の分配律
   $(k \oplus l)a = ka \boxplus la$
7. 体の乗法と
   スカラー乗法の両立条件
   $k(la) = (kl)a$
8. スカラー乗法単位元の存在
   $1a = a$

ベクトル空間①〜定義を理解する

☆性質

① $0\boldsymbol{a}=\boldsymbol{0}$

公理6で $k=l=0$ とすると、
$$0\boldsymbol{a}=0\boldsymbol{a}+0\boldsymbol{a}$$
$$\underline{0\boldsymbol{a}+(-0\boldsymbol{a})}=0\boldsymbol{a}+\underline{0\boldsymbol{a}+(-0\boldsymbol{a})}$$
$$\underline{\boldsymbol{0}}=0\boldsymbol{a}+\underline{\boldsymbol{0}}$$
$$\therefore 0\boldsymbol{a}=\boldsymbol{0}$$

② $(-1)\boldsymbol{a}=-\boldsymbol{a}$

公理6で、$k=1, l=-1$ とすると、
$$0\boldsymbol{a}=1\boldsymbol{a}+(-1)\boldsymbol{a}$$
$$\boldsymbol{0}=\boldsymbol{a}+(-1)\boldsymbol{a}$$
$$\boldsymbol{0}+\underline{(-\boldsymbol{a})}=\boldsymbol{a}+\underline{(-\boldsymbol{a})}+(\ \ 1)\boldsymbol{a}$$
$$\therefore -\boldsymbol{a}=(-1)\boldsymbol{a}$$

線形代数

講義 No.9
ベクトル空間②
～やさしい例

ベクトル空間とかけまして

ファーストフード店のドリンクで
多くの利益を得るために
ドリンクに施すカラクリ

とときます

その心は

どちらもこおり（こうり）をみたすでしょう

たくみです

　ベクトル空間2回目の授業では、どんなものがベクトル空間になるかっていうことを扱っていきます。その例のうちで、まずは簡単なものからはじめていきます。じゃあ、ポイントを説明するね。

ベクトル空間②〜やさしい例

> ここがpoint！
> 1. 何を**ベクトル**とするか
> 2. 公理を満たす演算を作れるか

とくに2個めが大事。はじめは、

こういう演算が定義されていて公理をみたすものをベクトル空間と呼ぶ

っていう順番で考えるんだけど、どんなものがベクトル空間の例になり得るか？ という問題を考えるときは、その順序を逆にしたほうがわかりやすい。つまり公理をみたす演算をしっかりと構成できるか、という話。ここで言っている意味は今から話す具体例を見ていけば、よりわかってくると思います。じゃ、さっそく考えていきましょう。

例(1) 平面・空間ベクトル全体

1つめ。平面ベクトルとか空間ベクトル全体の集合は**ベクトル空間**になっているということ。

ここで注意してほしいのは、「空間ベクトル」と「ベクトル空間」は**別物**ってことね。ベクトル空間①の講義を思い出すと、矢印で表される平面ベクトルや空間ベクトルのことを**幾何ベクトル**っていうんだったね。ただ今回考えるのは、幾何ベクトル全体の集合はベクトル空間かどうか？ってことなんだ。

そもそもベクトル空間の定義は、高校でやってきたベクトル、つまり**幾何ベクトルで成り立つべき性質を、逆に定義にした**ものだったね。だからもちろん、これは幾何ベクトルの加法とスカラー乗法でベクトル空間になるよね。まとめるとこんな感じ。

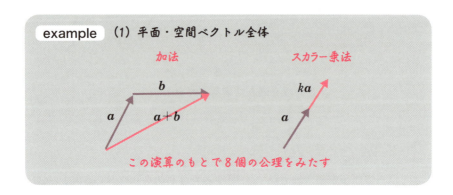

　平面ベクトルや空間ベクトル全体が、こういう演算のもとでベクトル空間の8個の公理をみたすことは明らかだよね。このことを、

→ **公理OK！**

ってかくことにしよう。ベクトル空間の公理をみたすことをしっかりと確認できたから、これではじめて、平面ベクトルや空間ベクトル全体はベクトル空間になっているっていえるのね。たとえば、ベクトル加法単位元は零ベクトルのことだし、ベクトル加法の逆元は、大きさが同じで向きが

（大きさのないベクトルのことね）

逆のものでいいはずだから。つまり

$$加法単位元＝零ベクトル$$
$$加法逆元＝大きさが同じで逆向きのベクトル$$

　こういうものの存在をしっかりと確認することによって、ベクトル空間の公理をみたすことがわかる。

　じゃ2つめにいきましょう。

例 (2) 実 n 次元数ベクトル全体

n**次元数ベクトル**とは何かっていうと、こうやって実数を縦に n 個並べたもののこと。

$$\begin{pmatrix} x_1 \\ x_2 \\ \vdots \\ x_n \end{pmatrix}$$

そして、こういうものに対して、ベクトル加法とスカラー乗法をどんなふうに定義すればベクトル空間の公理をみたすんだろう？　って考える。まず加法はこのように定義してあげればいい。

$$\begin{pmatrix} x_1 \\ x_2 \\ \vdots \\ x_n \end{pmatrix} + \begin{pmatrix} y_1 \\ y_2 \\ \vdots \\ y_n \end{pmatrix} = \begin{pmatrix} x_1+y_1 \\ x_2+y_2 \\ \vdots \\ x_n+y_n \end{pmatrix}$$

それぞれの成分で足し算すれば良いということ

じゃ、乗法はどうするかっていうと、こんなふうに定義する。

$$k\begin{pmatrix} x_1 \\ x_2 \\ \vdots \\ x_n \end{pmatrix} = \begin{pmatrix} kx_1 \\ kx_2 \\ \vdots \\ kx_n \end{pmatrix}$$

各成分を k 倍すれば良いということ

これが数ベクトルのベクトル加法とスカラー乗法。そう考えることによって、実 n 次元数ベクトル全体もベクトル空間の公理をみたす。このことをまとめておこう。

> **example** （2）実 n 次元数ベクトル全体
>
> **加法**
> $$\begin{pmatrix} x_1 \\ x_2 \\ \vdots \\ x_n \end{pmatrix} + \begin{pmatrix} y_1 \\ y_2 \\ \vdots \\ y_n \end{pmatrix} = \begin{pmatrix} x_1+y_1 \\ x_2+y_2 \\ \vdots \\ x_n+y_n \end{pmatrix}$$
>
> **乗法**
> $$k \begin{pmatrix} x_1 \\ x_2 \\ \vdots \\ x_n \end{pmatrix} = \begin{pmatrix} kx_1 \\ kx_2 \\ \vdots \\ kx_n \end{pmatrix}$$
>
> ➡ **公理OK！**

本当に公理をみたすのか、少しだけチェックしよう。

たとえば、ベクトル加法の単位元と逆元が何か？　っていう問題。これはすごく簡単。まずベクトル加法の単位元から考えてみよう。ベクトル加法の単位元っていうのは、どのベクトルに足し算しても変化を与えないベクトルのことだから、縦に0が並んだ

$$\begin{pmatrix} 0 \\ 0 \\ \vdots \\ 0 \end{pmatrix}$$

こういうものを考えればいいね。これで**ベクトル加法単位元**になっている。

じゃ、ベクトル加法逆元は何だろう？　いま、$\begin{pmatrix} 0 \\ 0 \\ \vdots \\ 0 \end{pmatrix}$ っていうベクトルが単位元だったから、何かを足してこのベクトルになればいいんだね。

そうすると、$\begin{pmatrix} x_1 \\ x_2 \\ \vdots \\ x_n \end{pmatrix}$ っていう数ベクトルの逆元は、この要素のすべてを

-1 倍した $\begin{pmatrix} -x_1 \\ -x_2 \\ \vdots \\ -x_n \end{pmatrix}$ でいいよね。実際に足し算を考えたら $\begin{pmatrix} 0 \\ 0 \\ \vdots \\ 0 \end{pmatrix}$ に

なるわけだから。これで逆元の存在も確かめられた。他の公理をみたすことも簡単に確かめられるからここでは省略しよう。

じゃ、最後にもう少し抽象的な例を扱ってみましょう。

 2次以下の実数係数多項式全体

次は、

多項式をベクトルと考える

わけだね。これはどういう意味か、ということを考えていこう。

一般の2次以下の実数係数多項式、つまり<ruby>高々<rt>たかだか</rt></ruby>2次の多項式はこうかけるよね。

$$ax^2 + bx + c$$

もちろん、a、b、c は実数。これが一般的な高々2次の実数係数多項式の表記。ここでもやっぱり大事なのは、どうやって演算を定義するかということなんだけど、じつは自分たちがよく知っている加法と乗法を定義すると、これらがベクトル空間の公理をみたすことがわかる。それを確かめてみよう。

まず、ベクトル加法 から。

いま、ベクトル空間の元を2つとってくる。つまり、多項式を2つとってくるわけだから、係数を区別するためにこうかいておこうか。

$$a_1 x^2 + b_1 x + c_1$$
$$a_2 x^2 + b_2 x + c_2$$

そして、これら2つのベクトルの 加法 をこうやって定義する。

$$(a_1 x^2 + b_1 x + c_1) + (a_2 x^2 + b_2 x + c_2) = (a_1 + a_2)x^2 + (b_1 + b_2)x + (c_1 + c_2)$$

カッコ良くいうと、「係数どうしの和をそれぞれとる」っていうことなんだけど、これはよくやっている計算方法だね。

たしかに高々2次の実数係数多項式を足しても、その結果は高々2次の実数係数多項式になっていることがわかる。もしかしたら $a_1 + a_2$ が0になっちゃって次数が落ちたりするかもしれないけど、いずれにせよ2次以下であることに変わりないから大丈夫だよね。つまりベクトル加法は閉じた演算になっている。

じゃあ、スカラー乗法はどうするかというと、これもじつはよく知ってる方法でOK。つまり、

$$k(a_1 x^2 + b_1 x + c_1) = (ka_1)x^2 + (kb_1)x + (kc_1)$$

難しくいえば、「それぞれの係数を k 倍する」わけだ。元から知っている計算方法だけれど、ここでは「これがベクトルに対するスカラー乗法だ」としっかり定義したっていうこと。

こうやって定義したベクトル加法とスカラー乗法のもとで、この多項式の集合は公理をみたす。

example (3) 2次以下の実数係数多項式全体

加法
$$(a_1 x^2 + b_1 x + c_1) + (a_2 x^2 + b_2 x + c_2) = (a_1 + a_2)x^2 + (b_1 + b_2)x + (c_1 + c_2)$$

乗法
$$k(a_1 x^2 + b_1 x + c_1) = (ka_1)x^2 + (kb_1)x + (kc_1)$$

⇒ 公理OK！

（2）の例もそうだったけど、（3）の例も自分たちがよく知ってる足し算（加法）とかけ算（乗法）を使っているから、公理をみたすことが簡単に確かめられるよね。実際に少しだけチェックしてみよう。

　たとえば、今回のベクトル加法単位元は何かというと、足し算しても何も変化を与えない多項式のことなんだから、その正体は **0**。つまり全ての係数が0の多項式のことね。まあふつうの0のことなんだけど、それがベクトル加法の単位元になっている。

　じゃ、ベクトル加法の逆元はどうかな？　足し算して **0** になる多項式を考えればいいわけだ。たとえば

$$a_1 x^2 + b_1 x + c_1$$

に対してのベクトル加法逆元は、係数の符号を全てひっくり返したもの、つまり

$$(-a_1)x^2 + (-b_1)x + (-c_1)$$

これでいいよね。今回のベクトル加法はそれぞれの係数ごとに和をとるわけだから。

　ここまでがベクトル空間の簡単な例なんだけど、次の授業ではもう少し難しい例を扱っていくね。

　いまここで扱った例（1）から例（3）っていうのは正直、よく知ってる加法と乗法しかでてこなかった。ただ次の授業で扱う例は、いままで考えたことのない関数どうしの加法とか、関数と実数の乗法とかを扱っていくから楽しみにしててね。そういった勉強をすると、

　　　「ベクトル空間って本当に広い概念だな」

って思えるはずだから。

じゃあ、引き続きがんばりましょう。

あ、右利きだ。

お疲れさまでした。

講義No.9 板書まとめ

ベクトル空間②〜やさしい例

point
1. 何を**ベクトル**とするか
2. 公理をみたす演算を作れるか

(1) 平面・空間ベクトル全体

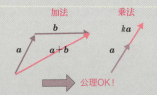

加法　　乗法

➡ 公理OK！

(2) 実n次元数ベクトル全体

加法
$$\begin{pmatrix} x_1 \\ x_2 \\ \vdots \\ x_n \end{pmatrix} + \begin{pmatrix} y_1 \\ y_2 \\ \vdots \\ y_n \end{pmatrix} = \begin{pmatrix} x_1+y_1 \\ x_2+y_2 \\ \vdots \\ x_n+y_n \end{pmatrix}$$

乗法
$$k\begin{pmatrix} x_1 \\ x_2 \\ \vdots \\ x_n \end{pmatrix} = \begin{pmatrix} kx_1 \\ kx_2 \\ \vdots \\ kx_n \end{pmatrix}$$

➡ 公理OK！

(3) 2次以下の実数係数多項式全体

加法

$(a_1 x^2 + b_1 x + c_1) + (a_2 x^2 + b_2 x + c_2)$
$= (a_1+a_2)x^2 + (b_1+b_2)x + (c_1+c_2)$

乗法

$k(a_1 x^2 + b_1 x + c_1) = (ka_1)x^2 + (kb_1)x + (kc_1)$

➡ 公理OK！

線形代数

講義 No.10

ベクトル空間③
〜難しい例

実数係数多項式とかけまして

・・・

・・・

(浮かばなくても撮り直さないスタイル)

　第3回のベクトル空間の授業では、ベクトル空間の例の中でも、抽象的で難しいものを扱っていきたいと思います。抽象的で難しい例を扱ってはじめて線形代数の奥深さや不思議な魅力が伝わるものなので、がんばって集中して聞いてくれたらいいなと思います。

　ベクトル空間②の授業では3個の例をやったので、4つめの例として続きを扱っていきましょう。それが区間 $[a, b]$ 上の実数値関数全体の集合。

 例 (4)　区間 $[a, b]$ 上の実数値関数全体

　ここで、区間 $[a, b]$ 上の実数値関数っていうのは、実数のある範囲を引数

ここのこと $f(x)$

116　ベクトル空間③〜難しい例

として、それに対して実数を返す関数のこと。こういうものに対してどうやってベクトル加法やスカラー乗法を定義するか、つまり、「どのように定義したらベクトル空間になるのか」を考えていこう。

じゃあ、**ベクトル加法**から。今回は関数をベクトルとしたいわけだから、「関数どうしの加法」を考える必要がある。それをこう定義しよう。

> ▶ⅠⅠ 加法　$(f+g)(x) = f(x) + g(x)$

ここで f と g は実数値関数ね。そしてこの f, g こそが、今回考えているベクトル空間の元。そして、$f+g$ っていう関数をどう定義するかというと、

$f+g$ という関数で x を飛ばしたものは、
x を f で飛ばしたものと x を g で飛ばしたものとの和

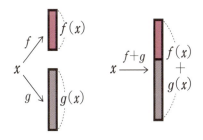

っていうことにする。まだ「何だそりゃ？」って思うよね。

　　　左側の和：$(f+g)(x)$

のように、f と g の和は自分たちがよく知らない和ね。

　　　右側の和：$f(x) + g(x)$

はよく知ってる和ね。なぜかというと、x を何か具体的な実数だとすれば、$f(x)$ も $g(x)$ も何かしらの実数になってるよね。そしてそれらを足し合わせたものが $f(x)+g(x)$ なんだから、これは単なる実数どうしの和。こういうよく知っている和で関数どうしの和を定義したってことね。

じゃあ次は、**スカラー乗法**をどうするかというと、

> ▶︎▏ **乗法**　　$(kf)(x) = kf(x)$

こう定義する。「何が変わったの？」って思うかもしれないけど、左側の (kf) って、関数 f を k 倍した形になってるよね？
それはまだよく知らない積のはず。

その「関数の k 倍」というよくわからないものを「こう定義します」って言っているのが右辺で、これは単に x を f で飛ばした後の数を k 倍しましょうって言ってるだけ。k と $f(x)$ のかけ算は自分たちがよく知っているかけ算だから、そのようなもので関数の k 倍を定義しようということだね。ここまでが、関数の加法と乗法に関する定義。

こういった演算を定義すると、実数値関数全体の集合はベクトル空間になると言ってるこれを確認していきましょう。もちろん確かめないといけないのは、ベクトル空間の公理を 8 個みたすかどうかってこと。じゃ、順に確かめていこう。

まず 1 つめの公理から。a, b, c をベクトル空間の元とするとき、**ベクトル加法の結合律**

$$(a+b)+c = a+(b+c)$$

が成り立つかどうかを調べる。つまり、いまは次のようなものについて考えればいいね。

$$((f+g)+h)(x) = ?$$

ここで、f, g, h はどれも区間 $[a, b]$ 上で定義された実数値関数のこと。「こんなの簡単な計算じゃん！」って言いながら適当に（ ）を外して

$$(f+g)+h = f+g+h$$

とかしちゃ**いけない**よ。

なんでかというと、自分たちはまだ関数の加法について、その定義しか知らないから。それ以外の操作を勝手にやるのは NG。だから必ず頭に入れておいてほしいのは、

加法　$(f+g)(x) = f(x) + g(x)$

定義が全て！

ということ。もちろんスカラー乗法もカンでやっちゃだめだからね。つまり、ベクトルの加法とかベクトルの乗法に関することについては常に**ビビり**であってほしい。

ここがpoint！

ベクトルの演算にはビビりであれ！

って感じでね。じゃあこの $(f+g)+h$ というやつを定義だけ使ってほぐしていきましょう。

いま $f+g$ っていうのは1つの関数になっているはずだから、これを1つのベクトルだと思ってベクトル加法の定義を使うね。

加法
$(f+g)(x) = f(x) + g(x)$

$$((f+g)+h)(x) = (f+g)(x) + h(x)$$

そして次に $f+g$ 自体にもベクトル加法の定義を使うよ。

$$(f+g)(x) + h(x) = f(x) + g(x) + h(x)$$

こうなるよね。わかりやすいように、自分たちのよく知っている足し算を **+** とかいておいた。つまり、区間 $[a, b]$ の中の適当な実数を入れたとき、f, g, h が返してくるのは全て実数なわけだから、右辺はもうただの数どうしの足し算。だから、この **+** に対しては、足し算をとる順番だって自由だよね。

だから、次の赤字のところで先に足し算をして、

$$f(x) + g(x) + h(x) = f(x) + (g+h)(x)$$

単にベクトル加法の定義を逆に使っただけ。

とかけて、もう一回ベクトル加法の定義を逆に使うと、

$$f(x) + (g+h)(x) = (f + (g+h))(x)$$

となって証明完了。いま大事なことは、$((f+g)+h)(x)$ が $(f+(g+h))(x)$ という関数になったということだからね。これでベクトル加法の結合律が成り立ってることが確かめられたと。いま話したことをまとめておくよ。

Check **1. ベクトル加法の結合律**

$$\begin{aligned}
\underline{((f+g)+h)(x)} &= (f+g)(x) + h(x) \\
&= f(x) + g(x) + h(x) \\
&= f(x) + (g+h)(x) \\
&= \underline{(f+(g+h))(x)}
\end{aligned}$$

じゃあ、2つめの公理に移ろう。2つめの公理とは**ベクトル加法の可換律**だったね。

$$a+b=b+a$$

これを確かめていこう。最初にまたベクトル加法の定義を使おう。

$$(f+g)(x) = f(x) + g(x)$$

またここでも、+はふつうの数の足し算のこと。だから、ここは自由に入れ替えてもいい。よく知っている足し算についてはビビらなくていいんだね。

$$f(x) + g(x) = g(x) + f(x)$$

ここでまたベクトル加法の定義を逆に使うことによって、

$$g(x) + f(x) = (g+f)(x)$$

ベクトル加法の定義を逆に使うというのは $f(x)+g(x)=(f+g)(x)$ とすることだからね。

とまとめられる。そうすればあたかも、$f+g$ っていう関数が $g+f$ みたいに入れ替わった形の関数で書けたことになるよね。これで、可換律が成り立つことが確かめられた。じゃあまとめておくね。

Check　2. ベクトル加法の可換律

$$(f+g)(x) = f(x)+g(x) = g(x)+f(x) = (g+f)(x)$$

じゃあ、3つめ。それは**ベクトル加法の単位元の存在**だったね。

$$a + 0 = a$$

まず、こういう関数を考えよう。

$$O(x) = 0 \;（定数関数）$$

いまね、わざと0の大きさを変えて O（定数関数）としていることに注意。これは、数としてのゼロと関数としてのゼロをしっかりと区別したとい

うこと。ここで定義した関数 O っていうのは、$[a, b]$ 上のどんな実数 x を突っ込んでも 0 しか返さない関数。もちろんこの関数 O も実数値関数全体の中に入ってるはずだよね。

そういう関数に対して、特別に O という記号を割り振ってあげた。勘がいい人は気付いたかもしれないんだけど、じつは、この関数 O がベクトル加法の単位元になってるんだね。そのことを証明してみよう。

まず $(f + O)(x)$ について考える。これはベクトル加法の定義を使うと、こうなるね。

$$(f + O)(x) = f(x) + O(x)$$

ここで、O ってのは 0 しか返さない関数だったから、

$$f(x) + O(x) = f(x) + 0$$

（普通のゼロ）

とかくことができる。右辺は数どうしの足し算で、0 はただの 0 だから、

$$f(x) + 0 = f(x)$$

となって証明が終了。つまり、スタート地点である $f + O$ という関数が f と同じだったわけだから、確かに O がベクトル加法の単位元になってるといえる。この変形も、まとめておこう。

> **Check** **3. ベクトル加法単位元の存在**
> $O(x) = 0$（定数関数）とすると、
> $(f + O)(x) = f(x) + O(x) = f(x) + 0 = f(x)$

じゃ 4 つめに進もう。4 つめは**ベクトル加法の逆元の存在**

$$\boldsymbol{a + (-a) = 0}$$

まずこういう記号を導入しようか。
$$-f$$
これをどういうふうに定義するかっていうと、こんなふうに定義する。
$$(-f)(x) = -f(x)$$
これはどういう意味かっていうと、普通にfをxで飛ばした後に-1倍する関数を$-f$ってかいてるだけね。こういう関数も、しっかり実数値関数全体に入っているはず。また勘のいい人は気付くかもしれないんだけど、この$-f$っていう関数が**ベクトル加法の逆元**になってるんだよね。それを確かめていきましょう。

まず、$f+(-f)$というベクトル加法を考える。そして、ベクトル加法の定義を使ってそれらをばらしてあげる。さらに上で定義したように$(-f)(x)$を$-f(x)$と書き換えてあげれば、

$$(f+(-f))(x) \underset{\text{ベクトル加法の定義}}{=} f(x) + (-f)(x) \underset{-f\text{の定義}}{=} \underset{\text{ふつうの数}}{f(x) - f(x)} = 0$$

となるよね。いま、右辺が単なる引き算になってるから、これはイコール0ということになる。つまりこれは、「どんなxを入れても0を返す関数」になっているわけだから、

$$f+(-f) = \boldsymbol{O}$$

が言えるよね。

これでどんなベクトルfに対しても、$-f$というベクトルをもってきて加法をとれば、その単位元である$\boldsymbol{O}$という関数になるんだから、これで逆元の存在が確かめられたということね。証明終了！

じゃあ5つめ。5つめはスカラーkとベクトル$\boldsymbol{a}, \boldsymbol{b}$に対して**ベクトル加法に対するスカラー乗法の分配律が成り立つこと**

$$k(\boldsymbol{a}+\boldsymbol{b}) = k\boldsymbol{a} + k\boldsymbol{b}$$

だったね。だから次の式がどうなるかを考えていけばいいでしょう。

$$(k(f+g))(x)$$

公理1から4まではベクトル加法の話しか出てこなかったけど、ここからはスカラー乗法の話が入ってくるから注意してね。

> 乗法
> $(kf)(x) = kf(x)$

$f+g$っていうのは1つの関数、つまりベクトルだと考えられるから、これに対して、スカラー乗法の定義を使って、

スカラー乗法の定義

$$(\underline{k(f+g)})(x) = k(f+g)(x)$$

> $f+g$っていう関数でxを飛ばしたものをk倍するってことね。

となる。そして、ベクトル加法の定義を使って$(f+g)(x)$をバラしてあげる。

> 加法
> $(f+g)(x) = f(x) + g(x)$

ベクトル加法の定義

$$k(f+g)(x) = \boxed{k} \; \boxed{(f(x)+g(x))}$$

ふつうの数

そうすると、もう右辺は普通の数のかけ算になってるから、いつもの分配法則を使ってあげて、

普通の数の分配法則

$$k(f(x)+g(x)) = kf(x) + kg(x)$$

ってなるよね。そして、スカラー乗法の定義を逆に使ってあげると

> スカラー乗法の定義を
> $kf(x) = (kf)(x)$
> と左右を逆にして
> 使うということ

$$kf(x) + kg(x) = (kf)(x) + (kg)(x)$$

となって最後にベクトル加法の定義を逆に使えば、1つにまとめることができる。
$$(kf)(x)+(kg)(x)=(kf+kg)(x)$$
もちろん注目すべきポイントは最初と最後の関数の部分で、
$$k(f+g)=kf+kg$$
となっていること。これで分配律の成立が確かめられたね。

> **Check** 　5. ベクトル加法に対するスカラー乗法の分配律
> $$\begin{aligned}(k(f+g))(x)&=k(f+g)(x)\\&=k(f(x)+g(x))\\&=kf(x)+kg(x)\\&=(kf)(x)+(kg)(x)\\&=(kf+kg)(x)\end{aligned}$$

じゃ、6つめ。スカラー k, l とベクトル $\boldsymbol{a}$ に対して**体の加法に対するスカラー乗法の分配律**

$$(k+l)\boldsymbol{a}=k\boldsymbol{a}+l\boldsymbol{a}$$

が言えればいい。まずこういうものを考えます。
$$((k+l)f)(x)$$
これは、スカラー乗法の定義を使うとこうなるね。

$$((k+l)f)(x)=(\underset{数}{k}+\underset{数}{l})\underset{数}{f(x)}$$

つまり、x を f で飛ばしたあとに、それを $k+l$ 倍するという式になる。そうするともう右側の式は、(数+数)×数になってるよね。だからいつもの分配法則を使えて、

（ふつうの数の分配法則）
$$(k+l)f(x)=kf(x)+lf(x)$$

そして、右辺に対してスカラー乗法の定義を逆に使って

$$kf(x) + lf(x) = (kf)(x) + (lf)(x)$$

最後にベクトル加法の定義を逆に使って1つにまとめると

$$(kf)(x) + (lf)(x) = (kf + lf)(x)$$

となる。ここでも注目すべきポイントは最初と最後の関数の部分で、$(k+l)f$ と $kf+lf$ が同じになったから、分配律の成立が確かめられたということになります。

> **Check** 6. 体の加法に対するスカラー乗法の分配律
> $$\begin{aligned}((k+l)f)(x) &= (k+l)f(x) \\ &= kf(x) + lf(x) \\ &= (kf)(x) + (lf)(x) \\ &= (kf+lf)(x)\end{aligned}$$

じゃ、7つめ。疲れてきたと思うけどがんばってね。7つめは、スカラー k, l とベクトル a に対して**体の乗法とスカラー乗法の両立条件**が成り立つこと

$$k(la) = (kl)a$$

なんだけど、今回はこういうものを考えたらいいでしょう。

$$(k(lf))(x)$$

いま、lf を1つの関数、つまりベクトルだと思ってスカラー乗法の定義を使ってあげよう。

$$(k(lf))(x) = k(lf)(x)$$

（x を lf で飛ばしたあとに k 倍する。）

次に、lf に対してスカラー乗法の定義を使ってあげれば、

$$k(lf)(x) = \boxed{k}\ \boxed{l}\ \boxed{f(x)}$$

（ふつうの数／スカラー乗法の定義）

そうすると、右辺は全て普通の数になる。だからよく知ってるかけ算のルールを使いたい放題で、こんなふうな操作ができる。

$$\boxed{k}\ \boxed{l}\ \boxed{f(x)} = (\boxed{k}\ \boxed{l})\ \boxed{f(x)}$$

そして、最後にスカラー乗法の定義を逆に使ってあげれば、

$$(kl)f(x) = ((kl)f)(x)$$

となる。くどいようだけど、注目すべきポイントは、関数 $k(lf)$ が関数 $(kl)f$ に等しいということ。これで体の乗法とスカラー乗法が両立していることが確かめられた、と。

> **Check** 7. 体の乗法とスカラーの乗法の両立条件
> $$(k(lf))(x) = k(lf)(x) = klf(x) = (kl)f(x) = ((kl)f)(x)$$

じゃ、最後に8つめ。8つめは**スカラー乗法単位元の存在**だね。

$$1a = a$$

だから、こんなふうな式を考えていけばいいでしょう。

$$(1f)(x) = ?$$

つまり、$1f$ っていう関数を考えるんだけど、これはスカラー乗法の定義からすぐにこう書き換えられる。

$$(1f)(x) = \boxed{1}\ \boxed{f(x)} = \boxed{f}(x)$$

（ふつうの数）

いいよね。もちろん注目すべきポイントは、

$$1f と f が同じ関数である$$

っていうこと。これで公理8の性質が確かめられたね。

> **Check**　**8. スカラー乗法単位元の存在**
> $$(1f)(x) = 1f(x) = f(x)$$

これでベクトル空間の公理を全てみたすということが確かめられた。

　話をまとめると、$[a, b]$ 上で定義された実数値関数全体は、ベクトル加法とスカラー乗法を（今回やったように）うまく定義してあげさえすれば、ベクトル空間になるということ。こういう抽象的な例をやったときに「なんか数学の魅力を感じる！」って思えたら、才能あるよ！

おめでとう！♪

　もし、これ聞いても「うわ、なんかモヤモヤするな〜」って思う人は、おそらく考える力があるってことだから、それはそれで才能あるわ。

まあ、褒めて伸ばすタイプだから
図に乗らないでね

じゃあ、お疲れさまでした。

ベクトル空間③〜難しい例

講義No.10 板書まとめ

ベクトル空間③〜難しい例

(4) 区間 $[a, b]$ 上の実数値関数全体

加法

$$(f+g)(x) = f(x) + g(x)$$

乗法

$$(kf)(x) = kf(x)$$

ベクトル空間の公理1〜8のチェックをする。

1. $((f+g)+h)(x)$
$= (f+g)(x) + h(x)$
$= f(x) + g(x) + h(x)$
$= f(x) + (g+h)(x)$
$= (f+(g+h))(x)$

2. $(f+g)(x)$
$= f(x) + g(x)$
$= g(x) + f(x)$
$= (g+f)(x)$

3. $O(x) = 0$ （定数関数）
とすると、
$(f+O)(x)$
$= f(x) + O(x)$
$= f(x) + 0$
$= f(x)$

4. $(-f)(x) = -f(x)$ とすると
   $(f+(-f))(x)$
   $= f(x) + (-f)(x)$
   $= f(x) - f(x)$
   $= 0$
   $\therefore f + (-f) = \boldsymbol{0}$

5. $(k(f+g))(x)$
   $= k(f+g)(x)$
   $= k(f(x)+g(x))$
   $= kf(x) + kg(x)$
   $= (kf)(x) + (kg)(x)$
   $= (kf+kg)(x)$

6. $((k+l)f)(x)$
   $= (k+l)f(x)$
   $= kf(x) + lf(x)$
   $= (kf)(x) + (lf)(x)$
   $= (kf+lf)(x)$

7. $(k(lf))(x)$
   $= k(lf)(x)$
   $= klf(x)$
   $= (kl)f(x)$
   $= ((kl)f)(x)$

8. $(1f)(x)$
   $= 1f(x)$
   $= f(x)$

集合論

講義 No.11

単射・全射・全単射

はいこんにちは。

今回の授業は**「単射・全射・全単射」**について扱っていきます。この単語ってすごく有名だよね。たとえば、栃木県の日光東照宮とか行ったときに、パッと上を見るとさ、

単射・全射・全単射
ってポーズをとってる
3匹のサルがいるよね

ファボゼロのボケすんな

単射・全射・全単射をしっかり理解したいと思ったら、まずは、**写像**というものをしっかりと理解する必要がある。じゃあその確認から。

> **写像の定義**
>
> X, Yを集合とする。任意の$x \in X$に対し、
> ある$y \in Y$が一意に定まるとき、
> このような対応規則を「XからYへの写像」という

これが写像の定義。一番大事な部分は、写像っていうのは

対応規則

だということなんだね。つまり、写像ってあるルールのことなんだ。この定義だけだと少しわかりにくいかもしれないから、図を使って説明していくね。

たとえば、集合 X, 集合 Y の絵をかく。X の要素を 1, 2, 3, Y の要素を a, b, c, d にしておこうか。

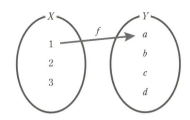

上の定義で、「任意の $x \in X$」って言ってるから好きなもの選ぼうか。じゃあそれを今回は 1 とするね。そしてその 1 に対してある Y の要素が一意に定まる、と。これが対応規則。つまり、「1 だったら a ですよ」っていうような関係のことを「X から Y への写像」っていうんだね。そして数学では、この記号を f と表す。X から Y への写像の場合、こんな記号でかくんだ。

$$f \colon X \to Y$$

今回の講義でもこの記号を使っていくね。

ところで、いま任意の X の元を選ぶわけだから、「2 だったら b」、「3 だったら b」のような対応規則も存在する。

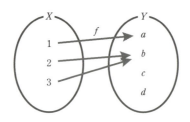

こんなようなものが写像ね。

ここで、<u>一意に定まる</u>という言葉についてしっかり考えてみよう。たとえば、「1に対応するものが a と b」っていうのは駄目なのね。そうじゃなくて、X の要素を1つ決めたら Y の要素がただ1つ決まらないといけない。「3って決めたら b です！」って具合にね。これが一意に定まるっていう意味。そして、写像はこんなふうに表現することもある。

$$f(1) = a$$
$$f(2) = b$$
$$f(3) = b$$

じゃ、もう1つ別の写像の例を扱おう。それが「あだ名写像」。可愛いでしょ？ それを次のようなルールをもつ写像だとしようか。

 あだ名写像 f：名前の最初の2文字を取り出す

たとえば、「たくみ」だったら「たく」になる。つまり、名前の集合の要素であった「たくみ」から「たく」というあだ名の集合の要素に飛ぶってことね。

$$f(たく\cancel{み}) = たく$$

これがあだ名写像の対応規則。他にもたとえば、「まなか」っていう違う名前でやってみようか。この場合も先頭の2文字だけとってそれ以外は切る

から、「まな」になるよね。

$$f(まな\cancel{か}) = まな$$

普通さ、「まなか」って聞くと
すごく可愛い女の子を想像するよね？
でも自分の場合はさ、
知り合いにズブズブの男子東工大生がいて、
そいつの名前が「まなか」っていうんだね…
そいつのルックスを想像するとげんなりするから
だからあまりいいイメージがないんだわ。

みんなはきっと、この名前に素敵な印象を抱いてると思う。

うらやましいです。

※たくみとまなかは仲良しです

> **example** あだ名写像
>
> $$f(たく\cancel{み}) = たく$$
> $$f(まな\cancel{か}) = まな$$

何でこれが写像になってるのかというと、しっかりと一意に定まるからだよね。どの名前をもってきても、最初の先頭2文字だけを取り出せば1つのあだ名が作れるわけだから。

じゃ、次にさっそく**単射**について説明していきましょう。

単射・全射・全単射

> **単射の定義**
>
> $f: X \to Y$ が**単射**であるとは、任意の $x, x' \in X$ に対して
> $$x \neq x' \Rightarrow f(x) \neq f(x')$$
> が成り立つことである

　これを言葉でいうと、写像 f が単射であるということは、任意の X の要素2つに対して、その2つの要素が異なるものなら、絶対に Y の要素の中でも異なるものになってなきゃいけませんということ。

　$f(x)$ は x が飛んだ先、$f(x')$ は x' が飛んだ先だから、2つとも Y の要素になってることに注意してね。

　でも、これだけだとうーんッ？　ってなってしまうと思うから、図を使って説明するね。

　さっきやったように、集合 X、Y の絵をかいて、X の要素は $1, 2, 3$、Y の要素は a, b, c, d としようか。じゃあいまから、単射の例をかくね。たとえば、1が a、2が b、3が d に対応する写像なんかは単射になってる。

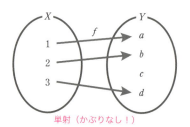

単射（かぶりなし！）

　何でかっていうと、そもそも X の中で、たとえば1と2みたいに異なる要素だったら、それらが飛んだ先でも a と b のように別物になっているから。1と3も見てくれる？　これも同じように、飛んだ先が a と d って異なっているよね。

　いうなれば、

合コンだったらケンカにならない状況

これが単射ね。同じ子を好きになってないからね。つまり大事なのは、かぶりがないっていうこと。

じゃ、単射でない例はどんなものがあるかっていうと、さっき紹介した「あだ名写像」なんかは単射じゃないよね。何でかって言うと、たとえば「まい」という名前をさっきのあだ名写像で飛ばしても「まい」のまま。

$$f(まい) = まい$$

もともと2文字だからね。じゃ、もう1人、留学生のマイケルのあだ名もつけてあげよう。

$$f(まいける) = まい$$

なんと、「まい」と「まいける」という2人があだ名写像を通して見ると、同じになってしまうんだね。もともと名前の集合ではこれらは別物だったのに、あだ名が同じになってしまってるもんね。だからこれは単射じゃない。

> **example** あだ名写像は単射でない
> $f(まい) = まい$
> $f(まいける) = まい$

これもう少し別の視点から見るために、定義の

$$x \neq x' \quad \Rightarrow \quad f(x) \neq f(x')$$

という部分の対偶をとってみる。左右を逆にして否定すればいいから、

$$f(x) = f(x') \quad \Rightarrow \quad x = x'$$

になる。今回の例ではこっちのほうがわかりやすいかもしれないね。

つまり、あだ名が同じ（$f(x) = f(x')$）だったら、もともとの名前も同じ（$x = x'$）ですよって言ってるんだね。でも、あだ名写像の場合はそうじゃなかったでしょ？

いま考えてたあだ名写像は単射にならなかったけど、単射になるようなあだ名の付け方を考えてみようか。

たとえば、名前を逆にするっていうあだ名の付け方はどうだろう。「たくみ」だったら「みくた」。「やす」だったら「すや」みたいにね。じつはこれだったら単射になるよね。つまり、「みくた」っていうあだ名だったら元々の名前は必ず「たくみ」だし、「みくた」っていうあだ名をもつ別の名前はないもんね。

じゃ、次に**全射**にいきましょう。

> ▶‖ **全射の定義**
> $f: X \to Y$ が**全射**であるとは、任意の $y \in Y$ に対して
> ある $x \in X$ が存在して、$f(x) = y$ となることである

これを言葉にすると、写像 f が全射であるとは、Y の任意の要素に対して、X のある要素が存在して、それが $f(x) = y$ となるって言ってる。つまり、$f(x) = y$ となるような x が必ず存在するって意味ね。

やっぱり図にしたほうがわかりやすいよね。全射の対応規則とセットでかいてみよう。

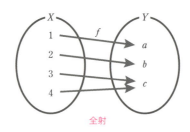

全射

これが全射の例。何でかっていうと、どの y に対しても $f(x) = y$ をみたしてる x がいるから。

つまり a に対しては 1 が、b には 2 が、c には 3 か 4 が。あれ？ c に対して 2 つ存在するけどいいの？って思うかもしれないけど、

あ る $x \in X$ が 1 つとは言われてない

から、とにかく存在すればいい。

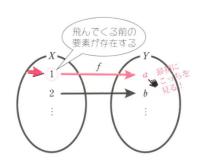

じゃあ全射でない例ってどういうものがあるかっていうと、単射の例ではじめにあげたやつがそうだね。

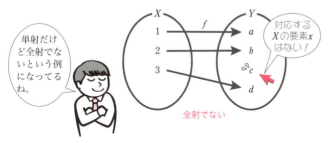

Y の中からたとえば c という要素を選ぶと、それに対応する X の要素 x は存在しないから全射じゃない。つまり、Y のどの要素にも矢印が伸びている状況になってないといけないってわけ。

これまでの話をしっかりと押さえつつ、最後に全単射について話をするね。

> **▶‖ 全単射の定義**
>
> $f: X \to Y$ が**全単射**であるとは、f が単射であり、かつ全射であるときをいう。

これが全単射の定義。これも図にしてみようか。

集合 X の要素が $1, 2, 3$、集合 Y の要素が a, b, c の3つだけとする。そして、1に対応するのは a、2には b、3には c であるとしよう。これが**全単射**の例になってる。

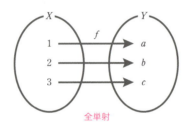

全単射

順を追って確認していこうか。これが**単射**であることは矢印のかぶりがないことからわかる。つまり、別の要素だったら、行く先も違うということ。

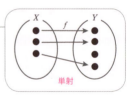

次に**全射**であることを確認するね。全射っていうのは、任意の Y の要素をとってきたときに、必ず、矢印の手前にあたる X の要素が存在することだったよね。言い換えれば Y の要素全てに矢印が伸びている状況のこと。上の図の場合、この条件をみたしてるから全射になっているといえる。

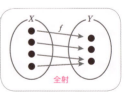

これって

合コンだったら完璧な状況

だよね。これが、全単射。

理解を深めるために、全射でも単射でもない例をかくね。

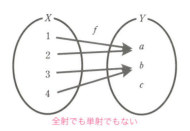

全射でも単射でもない

これは、全射でも単射でもなく、もちろん全単射でもない。

まず矢印の先にかぶりがあるから単射じゃないし、c に矢印が伸びてないから全射でもないよね。

最後に、今までの話をふまえて練習問題をやっていこうか。

Question 練習（1）　単射でない例を書け

何かしら極端なものをかいてみて、この問題の答えとしよう。たとえばこんな図でいいかな。

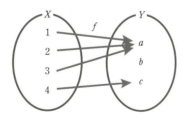

1 が a に対応していて、2 も a に対応していて、3 も a に対応する。だから全然単射じゃないよね。Y の要素1つに矢印が2本以上伸びてきたら単射じゃないもんね。

ちなみに、この例は**全射**でもないからね。b に対応するものがないから。だからこれ、合コンでどういうケースかって言ったら、

a だけめちゃくちゃ美人

という状況。人気が一極集中してるね。まぁ、4 は…

変わり者

なのかもしれない。

じゃ、次の問題。

> **Question** 練習（2） 次の写像が単射かどうか判定せよ。
> $$f: \mathbf{R} \to \mathbf{R}$$
> (a) $f(x) = 2x + 1$
> (b) $f(x) = x^2$

$\mathbf{R}$ は実数全体の集合だから、f は実数から実数への写像ってことね。なんだか急に数学っぽくなったね。じゃあ (a) (b) のそれぞれが単射かどうか見ていこう。

いきなり答えからいうと、

(a) $f(x) = 2x + 1$ …単射

その理由は、x に別の実数をいれると必ず別の値を返してくれるから。図にするとこんな感じだね。

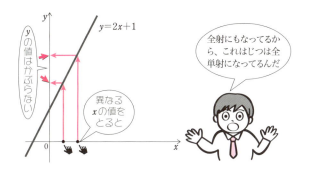

じゃ、次の（b）はどうかっていうと、

(b) $f(x) = x^2$ …単射でない

これもグラフで確認することができる。これ、別の x をもってきても、同じ y になることがあるでしょ？ たとえば２と－２のようなケースね。

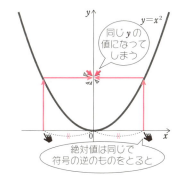

だからこういうのは単射じゃなかったよね。単射っていうのは、別の要素をもってきたら、必ず別の要素にならなきゃいけないからね。

今回の授業では、最初はけっこう抽象的にやってみて、最後にはよく知ってる関数を例として出してみたんだけど、どっちも考えてることは同じだってわかった？ そこを理解してくれればうれしいです！

じゃ、今回はこれでおしまい。お疲れさまでした。

講義No.11 板書まとめ

単射・全射・全単射

○ **定義** 写像 $f: X \to Y$

X, Y を集合とする。任意の $x \in X$ に対し、ある $y \in Y$ が一意に定まるとき、このような対応規則を「X から Y への写像」という

ルール

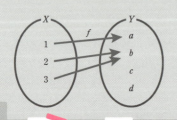

ex. あだ名写像

$f(1) = a$　　$f(たくみ) = たく$
$f(2) = b$　　$f(まなか) = まな$
$f(3) = b$

☆ **定義** 単射

$f: X \to Y$ が単射であるとは、任意の $x, x' \in X$ に対して

$$x \neq x' \quad \Rightarrow \quad f(x) \neq f(x')$$

※対偶　$f(x) = f(x') \Rightarrow x = x'$

が成り立つことである

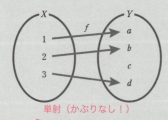

単射（かぶりなし！）

ex. あだ名写像

$f(まい) = まい$
$f(まいける) = まい$

☆ **定義　全射**

$f: X \to Y$ が全射であるとは、任意の $y \in Y$ に対してある $x \in X$ が存在して、$f(x) = y$ となることである。

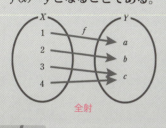

全射

☆ **定義　全単射**

$f: X \to Y$ が全単射であるとは、f が単射でありかつ全射であるときをいう。

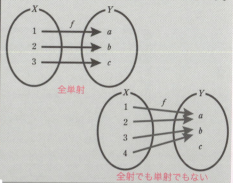

全単射

全射でも単射でもない

<練習>

(1) 単射でない例を書け

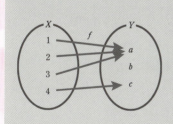

(2) 次の関数が単射かどうか判定せよ。
$f: \mathbf{R} \to \mathbf{R}$

(a) $f(x) = 2x + 1$
　　単射

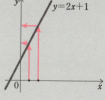

(b) $f(x) = x^2$
　　単射でない

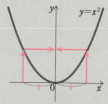

解析

講義 No.12
ε−δ論法 〜関数の連続性

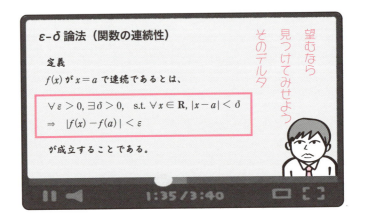

ε−δ論法（関数の連続性）

定義
$f(x)$ が $x=a$ で連続であるとは、

$\forall \varepsilon > 0, \exists \delta > 0, \text{ s.t. } \forall x \in \mathbf{R}, |x-a| < \delta$
$\Rightarrow |f(x)-f(a)| < \varepsilon$

が成立することである。

望むなら見つけてみせよう そのデルタ

はい、どうもこんにちは。

今回は、多くの数学科の学生がつまずく単元である**ε−δ論法**について扱っていきたいと思います。で、ε−δ論法って本当はいろいろあるんだけども、その中でもね、そのエッセンスがギュッと詰まった

関数の連続性

について扱っていきたいと思います。

まずね、**この定義**見た目えぐいっしょ！

この見た目の難解さゆえ、ε−δ論法って多くの学生からメッチャ嫌われてるんだけど、どれくらい嫌われてるかっていうと…

ねえねえ血液型何型？
俺？　俺はね、イチローと同じB型

って言う奴ぐらい嫌われてるんだわ。

　まあね、そんな ε−δ 論法をやさしく解説 していくので、最後までがんばって聞いてください。じゃ、さっそく授業をはじめていきましょう。

　まずさ、関数 $f(x)$ が $x=a$ で連続であるかどうかなんて、グラフをかいてみて $x=a$ のところでつながってるかどうか判定すればよかったじゃんか。そう信じてきたよね。

　ただ、大学に入ると、今までになかったようなエグイいやらしい関数が出てくるんだよ。たとえばこんなやつ。x に有理数を突っ込むと 2 を返してきて、x に無理数を突っ込むと 1 を返してくる関数。こういう関数のグラフってこう見えちゃうんじゃない？

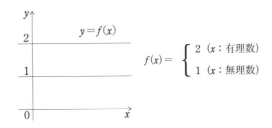

$$f(x) = \begin{cases} 2 & (x：有理数) \\ 1 & (x：無理数) \end{cases}$$

　有理数も無理数もギュウギュウに詰まった数だから、こうやってつながってるように見えるんだね。でも、この関数の定義を見たら明らかに不連続なはずじゃんか。

ε−δ論法〜関数の連続性

実際に、この関数って数学的には「全ての点において不連続」といわれるものなんだけど、少なくとも連続性ってパッと見た目では判断できないことがわかったよね？　だからより厳密な定義が必要になってくるんだけど、そんなときにあらわれるのがこのε-δ論法なんだわ。

　じゃ、連続性の定義について説明していくね。

> **定義**
> $f(x)$ が $x = a$ で連続であるとは
> $$\forall \varepsilon > 0, \exists \delta > 0, \text{s.t.} \ \forall x \in \mathbf{R}, \ |x - a| < \delta$$
> $$\Rightarrow \ |f(x) - f(a)| < \varepsilon$$
> が成り立つことである。

　まず、記号について説明しよう。一番はじめにかいてある

$$\forall \varepsilon > 0$$

の∀ね。これ何かっていうと、「任意の」って意味のAnyという単語の頭文字Aをひっくり返したものなんだ。だから、これだけで「任意の正の数 ε に対して」って意味になる。

　で、次こいつ。

$$\exists \delta > 0$$

この∃っていうのは、英語のExist「存在する」という単語のEをひっくり返したもので、ある正の数δが存在するっていう意味なんだね。

　さらにその次の

$$\text{s.t.} \ \forall x \in \mathbf{R}, |x - a| < \delta \ \Rightarrow \ |f(x) - f(a)| < \varepsilon$$

について説明するね。Such that～って英語で習わなかった？　「～のような」って意味だよね。だから、この s.t. の後ろは全部、**あるデルタの説明**になってるのね。イメージ的にはこんな感じ。

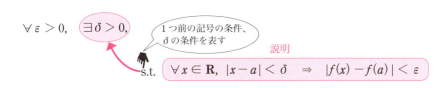

そしてその説明が何を言っているかというと、

説明を詳しくかくと…

任意の実数 $\mathbf{R}$ の元 x に対して、
$|x-a|<\delta$ を満たすならば $|f(x)-f(a)|<\varepsilon$ を満たす

ような δ が存在する。こういう δ が任意の正の定数 ε に対してあるとき、連続っていうんだね。

気持ちわかるよ。

意味わかんないよね、これね。

最初はだれでもそうなのよ。

じゃあ、ここからはグラフを使って説明していくね。

今、$x=a$ において連続な関数 $f(x)$ のグラフをかいて、これがなぜ連続の定義をみたすのかってことを考えていこう。$y=f(x)$ のグラフにおいて、$x=a$ の y 座標の値が $f(a)$ だから、この式

$$|f(x)-f(a)|<\varepsilon$$

の意味は、グラフ上で $f(a)$ との距離が ε より小さいってことになるよね。ε を適当に選んでみると、こんな感じかな。

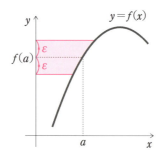

そして、薄い赤色で塗った範囲に収まるような δ を考えてみる。$|x-a|$ というのは a からの距離を表すから、a から δ の範囲にいる x 全体をグレーで塗りつぶしてみよう。

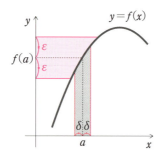

そうすると、薄い赤色の範囲にすっぽり入れることができるよね。

$|x-a| < \delta$ の範囲にある x を $f(x)$ に入れたときの値を太い赤の線で塗っておくね。

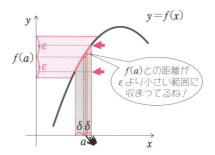

そいつらが全部 $f(a)$ との距離が ε より小さい範囲に収まってるよね。薄い赤色の範囲に太い赤線が入ってる。だから、

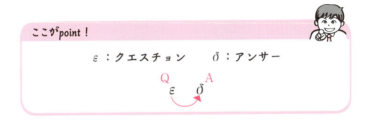

いま大事なのは、ε は任意だってことね。どんな正の実数をとってきてもいいわけだ。その意味で、ε-δ 論法とは次のように考えることができる。

ここがpoint!

ε：クエスチョン　　δ：アンサー

Q　A
ε　δ

どんな問題（ε）を出されても答える（δ）ことができたら、それが連続であるっていうこと。つまり、どんな正の実数 ε を指定されても、しっかりと条件をみたす δ が存在すればよいということだね。

今やったのは ε がかなりゆるめの問題だったね。だって、簡単に条件をみたす δ が見つかったわけだから。でも、ε はメチャクチャ小さくとってきてもかまわないわけよ。「じゃ、これはどうだ！」って ε をメチャクチャ小さくしてこられたらどうしよう。

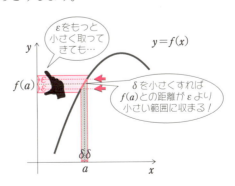

でもさ、自分たちはそれに対応するδをどんどん…小さくとっていけばいいから、条件をみたすδって常に存在するよね。

だからこれが、連続ってことになるんだ。つまり、この方法を使えば、表向きに極限を持ち出さなくても、連続性が議論できるのね。いいでしょうか。

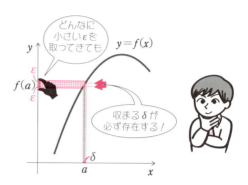

って言われてもまだよくわからないよね、じゃあ、不連続な場合も見てみよう。

いま、$x=a$で不連続な関数のグラフをかいてみる。まず、ゆるめのクエスチョン、つまりεが大きい場合を考えてみよう。そのとき、$f(a)$との距離がεより小さい場所はこんな感じ。

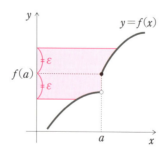

この中に収まるδはありますか？っていうことなんだけど、さすがに余裕だよね。δを適当に小さくとればいいでしょう。ほら、あった。この太い赤線の部分は全部OKだよね？

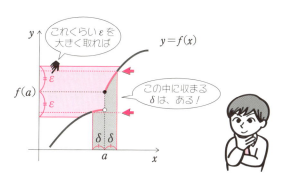

「あれ、じゃあこれ連続なんじゃないの？」って思うかもしれないんだけど、ε-δ論法で

　　　　　正の実数 ε は 任意

であることを思い出そう。だから次は、もっとクエスチョンを厳しくするね。さっきの ε より小さい ε をとってくるんだけど、記号がかぶるとわかりにくいから、少し濃いめの赤でかくね。そのときアンサーとなる δ はあるかな？

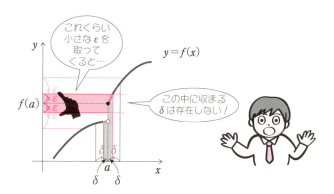

δ をがんばって小さくすれば、あるかな？　って思うかもしれないけど、とりあえずいまとってる δ じゃダメだよね？　だってほら、この領域の中に赤い曲線の上側の部分は入ってるけど、下側の部分は入ってないもんね。

　それなら、もっと小さい δ をとってやる！って思うかもしれないけど、どんなにがんばって δ を小さくとっても、この赤色の領域に入るような δ ってないよね。

ε-δ論法〜関数の連続性

だからこれは不連続、ということになる。ここまでやれば ε-δ 論法の気持ちがわかってきたでしょ？　ここであらためて連続の定義をかくよ。

$\forall \varepsilon > 0, \exists \delta > 0, \text{s.t.} \forall x \in \mathbf{R}, |x-a| < \delta \quad \Rightarrow \quad |f(x)-f(a)| < \varepsilon$

どう？　最初に見たときよりも、グッと理解が深まってなんだか可愛く見えてきたでしょ。このタイミングでこの定義の読み方を確認するね。まず大事なのは

任意の正の実数 ε に対して、δ が存在

この部分だけで基本的に終わり。どんな δ だよ、ってのが全て修飾でかかってる。こんな δ ですよ、って。

　そしてその修飾の内容が、$|x-a| < \delta$ をみたす、任意の実数 x に対して、その差 $|f(x)-f(a)|$ が ε よりも小さくなるというもの。これが ε-δ 論法なんだね。

最初にこの式を見たときよりイメージがパッとしたかなって思います。
じゃ、今回の授業はこれでおしまいにしましょう。

お疲れさまでした。

講義No.12 板書まとめ

ε-δ論法〜関数の連続性

定義

$f(x)$ が $x = a$ で連続であるとは、
$\forall \varepsilon > 0, \exists \delta > 0,$
s.t. $\forall x \in \mathbf{R},$
$|x - a| < \delta \Rightarrow |f(x) - f(a)| < \varepsilon$
が成立することである。

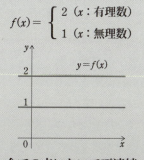

全ての点において不連続
（見た目では判断できない例）

定義

$f(x)$ が $x = a$ で連続であるとは、
$\forall \varepsilon > 0, \exists \delta > 0,$ s.t. $\forall x \in \mathbf{R}, \ |x - a| < \delta \Rightarrow |f(x) - f(a)| < \varepsilon$
が成立することである。

連続
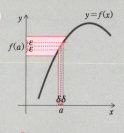

不連続
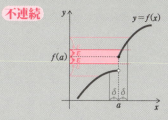

確率・統計

講義 No.13

最小二乗法とは何か

はいどうもこんにちは。

今回は**最小二乗法**を扱っていくんだけども、はじめに「最小二乗法とは何か？」という話からしよう。

まず、$(x_1, y_1), (x_2, y_2), \cdots, (x_n, y_n)$ っていう n 個のデータがあったとする。それをグラフにしたものが次の図。そういうとき、これらの点から何かしら直線的な関係が見えることがあるんだよね。それっぽい線を1本引いてみようか。

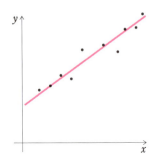

何かしらのデータに、直線的な関係が見えるとき、その傾きや切片には、

物理実験だったら物理の情報が
データサイエンスだったらデータの本質が

含まれていることが多い。だからそんなとき、そのデータに対して一番それっぽい直線が引きたくなる。そしてその、それっぽいを数学的にやろうというのが、

最小二乗法

なんだね。つまり、直線の式

$$y = ax + b$$

を決めるのは傾き a と切片 b だから、これらを求めていくことになる。

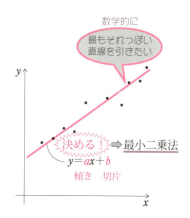

じゃ、この数学的手続きを見ていきましょう。

最初に考えたいのは、**「どういう直線がいいか」**ってことなんだけど、もちろんそれは、データの点からあまり離れてない直線がうれしいわけだ。たとえば、i 番目のデータ (x_i, y_i) に注目してみようか。そして、その点と直線の差を見てみよう。

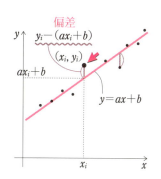

x の値が x_i のとき、直線の y 座標の値は ax_i+b だから、その差は
$$y_i-(ax_i+b)=y_i-ax_i-b$$
となるよね。こういうものを偏差っていう。これを小さくしていきたい。

　ただ、この点だけが特別じゃないから、こういう偏差をどの点でも考える必要がある。そしてその全体的な評価ができるように、全てを足し合わせよう。

$$\sum_i (y_i-ax_i-b)$$

省略してあるけど、こういう意味ね
$$\sum_i = \sum_{i=1}^n$$

　ここでよく考えてほしいのは、引いた直線よりデータの点のほうが上にくるときもあるし、逆に下にくることもあるってこと。図を見るとよくわかるよね。だから (y_i-ax_i-b) の形のまま和をとっても、正にズレてるときと負にズレてるときが打ち消しあってしまって正当に評価できない。

　この問題を解決するにはどうしたらいいかな？　最初に思いつくのは、

「絶対値をとる」

ことかもしれない。ただ、絶対値って受験のときに何かしらいやな思い出はない？　扱いがすごく面倒くさかったよね。だから、絶対値以外で考えたい。

　じゃ、数学的に処理がしやすくって、正のズレも負のズレもしっかり評価してくれるものって何があるのかな？　それは、二乗だよね。マイナスもプラスに変えてくれるから、正のズレや負のズレの場合もしっかりとデータの点と直線の距離を評価できるんだ。これがポイントね。

> ここが point！
>
> 二乗することで「距離」を評価する

じゃあこの偏差を2乗したものの和を $\varepsilon(a, b)$ と表すことにしよう。

$$\varepsilon(a, b) := \sum_i (y_i - ax_i - b)^2$$

注意してほしいのは、関数って普通は x や y が変数なんだけども、今回は x_i とか y_i は決まったデータの値だということ。いまからやりたいのは、

最適な a と b を決めたい

ってことだから、a と b が動くんだね。つまり、a と b の2変数関数がこの ε の正体。こうやって偏差の二乗の和を最小にする a と b を決める手順を**最小二乗法**っていうのね。

これだけ聞くと、2変数関数の最小化問題なんて難しいと思うかもしれないけど、今回扱う関数の形はすごくシンプルだから、じつはかなり簡単に扱えるんだ。やさしめの受験数学レベルだから安心してついてきてね。

まず、b を固定する。そうすると $\varepsilon(a, b)$ は a の1変数関数になって、関数の形をみると a の2次関数だってわかるよね。2乗を展開すると a の最高次が a^2 になるね。

そして、$(x_i)^2$ を Σ で和をとったものが a^2 の係数になっていて、データ x_i が

$$\begin{aligned}
& (y_i - ax_i - b)^2 \\
&= a^2 x_i^2 - 2ax_i(y_i - b) + (y_i - b)^2 \\
& \text{より} \\
& \varepsilon(a, b) = a^2 \sum_i x_i^2 - 2a \sum_i x_i(y_i - b) \\
& \qquad\qquad + \sum_i (y_i - b)^2
\end{aligned}$$

最小二乗法とは何か

全部0になってるという特殊な状況を除けば、これは必ず正になるはずだから、a の関数のグラフは下に凸な放物線になるね。

いまと同じことを a 固定 でもやってみよう。そうすると今度は b^2 の係数に注目すればいい。その係数はデータの個数である n になってるよね。データの個数はもちろん正なので、最高次の係数が正の2次関数、つまり下に凸の放物線になる。

$$(y_i - ax_i - b)^2 = b^2 - 2b(y_i - ax_i) + (y_i - ax_i)^2$$
より
$$\varepsilon(a,b) = b^2 \underbrace{\sum_i 1}_{=n} - 2b \sum_i (y_i - a_i x_i) + \sum_i (y_i - ax_i)^2$$

これで最小値問題を考えるための準備が完了。まず適当に b の値を何でもいいから固定して、a だけ動かしたときに最小になる点を調べてみる。つまり、a の偏微分が0になるところだよね。

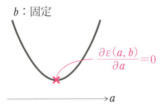

偏微分がよくわからない人は、「何かを固定したときの微分」だと思ってね。

そして、a を固定したとき b も同様に考えて、b の偏微分が0になるところを探せばいい。

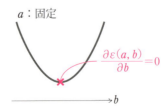

もちろん一番いい a と b っていうのは、$\varepsilon(a,b)$ を最小にする a と b のことで、

b の値を固定したとき $\varepsilon(a,b)$ が最小になる a、
a の値を固定したとき $\varepsilon(a,b)$ が最小になる b、

の2つの連立方程式を解くことになります。

$$\frac{\partial \varepsilon(a,b)}{\partial a}=0, \quad \frac{\partial \varepsilon(a,b)}{\partial b}=0$$

じゃ、ここからは実際にその計算をやってみましょう。

まず $\varepsilon(a,b)$ を a で偏微分する。そうすると、

$$\frac{\partial \varepsilon(a,b)}{\partial a}=-2\sum_i x_i(y_i-ax_i-b)=0 \quad \cdots ①$$

となる。この結果を 0 として式①とおこう。

同じように b でも偏微分して、

$$\frac{\partial \varepsilon(a,b)}{\partial b}=-2\sum_i (y_i-ax_i-b)=0 \quad \cdots ②$$

これを式②とする。あとは①、②の連立方程式を考えればいいね。

まず、式①の両辺を2で割って、カッコの前の x_i を分配して $\sum_i x_i y_i$ だけ右辺に移項すると、

$$a\sum_i (x_i)^2 + b\sum_i x_i = \sum_i x_i y_i$$

そして式②の両辺も2で割って、$\sum_i y_i$ だけ移項してあげると、

$$a\sum_i x_i + \sum_i b = \sum_i y_i$$

いま、$\boxed{\sum_i b}$ は

$$\boxed{b\sum_i 1} = b\left(\underbrace{1+1+\cdots+1}_{データの個数 n}\right) = \boxed{nb}$$

だから、式②は次のようにまとめられる。

$$a\sum_i x_i + \boxed{nb} = \sum_i y_i$$

整理した式に、また新しい名前を付けておこうか。

$$\begin{cases} a\sum_i (x_i)^2 + b\sum_i x_i = \sum_i x_i y_i & \cdots ①' \\ a\sum_i x_i + bn = \sum_i y_i & \cdots ②' \end{cases}$$

これをもう少しわかりやすい形に変えよう。
②′の式の両辺を n で割って

$$a\frac{\sum_i x_i}{n} + b = \frac{\sum_i y_i}{n}$$

赤い文字にした部分は平均になってるから、平均の記号を使って整理してあげましょう。つまり、$\frac{\sum_i x_i}{n}$ は $\bar{x}$、$\frac{\sum_i y_i}{n}$ は $\bar{y}$ と書き換えるってこと。
だから②′は、

$$a\bar{x} + b = \bar{y}$$

となる。この式を b について解いて

$$\boxed{b} = -a\bar{x} + \bar{y}$$

これを①′に代入すると、

$$a\sum_i (x_i)^2 + \boxed{(-a\bar{x} + \bar{y})}\sum_i x_i = \sum_i x_i y_i$$

ここで a がかかっている部分は全て a でくくって、両辺を n で割りましょう。そして最後に $\bar{y}\sum_i x_i$ を n で割ったものを右辺に移項すると、

$$a\left(\frac{\sum_i x_i^2}{n} - \bar{x}\frac{\sum_i x_i}{n}\right) = \frac{\sum_i x_i y_i}{n} - \bar{y}\frac{\sum_i x_i}{n}$$

になるね。ここでも平均の記号

$$\frac{\sum_i x_i^2}{n} = \overline{x^2}, \quad \frac{\sum_i x_i}{n} = \bar{x}, \quad \frac{\sum_i x_i y_i}{n} = \overline{xy}$$

を導入すれば、

$$a(\overline{x^2} - \bar{x}\cdot\bar{x}) = \overline{xy} - \bar{y}\cdot\bar{x}$$

とスッキリかける。これを a について解いて、

$$a = \frac{\overline{xy} - \bar{x}\cdot\bar{y}}{\overline{x^2} - \bar{x}\cdot\bar{x}}$$

となる。ここまでの話をまとめておこう。

まず、いま計算した a について気をつけてほしいのは、

> **注意** 二乗の平均値 $\overline{x^2}$ と、平均値の二乗 $\bar{x}\cdot\bar{x} = \bar{x}^2$ は違う

分子も同じように、

> **注意** 積の平均 $\overline{xy}$ と、平均の積 $\bar{x}\cdot\bar{y}$ は違うもの

$\bar{x}\cdot\bar{x} = (\bar{x})^2$ は $\bar{x}^2$ とかかれる。$\overline{x^2}$ と $\bar{x}^2$ は違うものなのに、表記がまぎらわしいから混同しがち。注意しよう！

最小二乗法とは何か

だから注意してね。統計を勉強したことのある人は、この結果がもっときれいにかけることがわかるよね？ そのきれいな結果を横にそえておくと、

$$a = \frac{\overline{xy} - \overline{x} \cdot \overline{y}}{\overline{x^2} - \overline{x}^2} = \left(\frac{\sigma_{xy}}{\sigma_x^2} \right)$$

こんな感じ。分母の σ_x^2 は、x の分散っていうやつで、分子の σ_{xy} は x と y の共分散というもの。あまりにも美しい結果だね。

b については途中の式ですでに解けていて、
$$b = -a\overline{x} + \overline{y}$$
が答え。結果をまとめてかくと、

ここがpoint！

最適な直線 $y = ax + b$ を求めるには

$$a = \frac{\overline{xy} - \overline{x} \cdot \overline{y}}{\overline{x^2} - \overline{x}^2} = \left(\frac{\sigma_{xy}}{\sigma_x^2} \right)$$

$$b = -a\overline{x} + \overline{y}$$

だから実際には、実験のデータから x の平均 $\overline{x}$、y の平均 $\overline{y}$、x の2乗の平均 $\overline{x^2}$、積の平均 $\overline{xy}$ をはじめに計算しておいて、そこから計算される傾き a と切片 b をもった直線をグラフ上に引けばいい。

最後にちょっとだけおまけの話をしておくね。いま a と b がメッチャきれいな形になったのは、最小にする関数を

偏差の絶対値でなくて2乗にしたから

なんだ。もし、絶対値を選んだらもっと汚い式になるし、他にも4乗とかを

考えてもこう上手くはいかない。2乗だからきれいな形になったわけね。数学っておもしろいよね。

　じゃ、今回はこれでおしまいにしましょう。
　お疲れさまでした。

講義No.13 板書まとめ

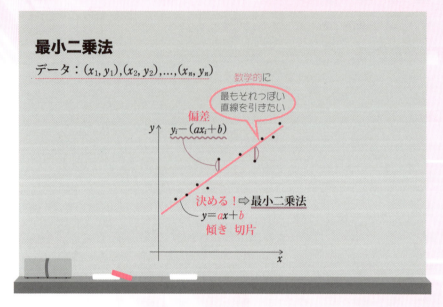

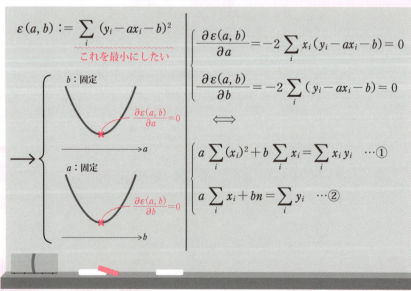

最小二乗法とは何か

②より

$a \dfrac{\sum_i x_i}{n} + b = \dfrac{\sum_i y_i}{n}$

　　　$\overline{x}$　　　　$\overline{y}$

これより $b = -a\overline{x} + \overline{y}$

これを①に代入して

$a \sum_i (x_i)^2 + (-a\overline{x} + \overline{y}) \sum_i x_i = \sum_i x_i y_i$

$a \left(\dfrac{\sum_i x_i^2}{n} - \overline{x} \dfrac{\sum_i x_i}{n} \right) = \dfrac{\sum_i x_i y_i}{n} - \overline{y} \dfrac{\sum_i x_i}{n}$

　　$\overline{x^2}$　　　$\overline{x}$　　　　$\overline{xy}$　　　　$\overline{x}$

$\therefore \ a = \dfrac{\overline{xy} - \overline{x} \cdot \overline{y}}{\overline{x^2} - \overline{x}^2}$

まとめ

$a = \dfrac{\overline{xy} - \overline{x} \cdot \overline{y}}{\overline{x^2} - \overline{x}^2} = \left(\dfrac{\sigma_{xy}}{\sigma_x^2} \right)$

$b = -a\overline{x} + \overline{y}$

確率・統計

講義 No.14
中心極限定理の気持ち

今回は、これをやります。

かっこいいでしょ名前が。これ、

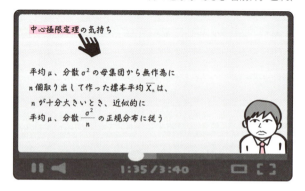

そうです。メレンゲの気持ちって読みます。

講師の伊野尾慧です。

（※ファンの方ごめんなさい）

はい、今回は、この**中心極限定理**というものについて扱っていこうと思います。

まず、その主張がこれ。

中心極限定理

> 平均 μ、分散 σ^2 の母集団から無作為に n 個取り出して作った標本平均 $\overline{X_n}$ は、n が十分大きいとき、近似的に平均 μ、分散 $\dfrac{\sigma^2}{n}$ の正規分布に従う

これについて少し説明するね。

「平均 μ、分散 σ^2 の母集団から無作為に n 個取り出して作った標本平均 $\overline{X_n}$ は」

っていってるんだけど、標本平均って、n 個取ってきたらそれを足して単純にその数で割ったやつね。サンプルしてきたもので平均をとったものが**標本平均**。

これが、

$$\overline{X_n} = \frac{1}{n}\sum_{i=1}^{n} X_n$$

「n が十分**大きい**とき、近似的に平均 μ、分散 $\dfrac{\sigma^2}{n}$ の正規分布に従う」

と。まぁ、そう言われてもまだまだ難しいと思うから、これがどういうことなのか少しずつ確認していきましょう。

まず、この定理で一番重要なのは、

正規分布になる

ってこと。このことが、確率論や統計学で、「一番重要な確率分布が正規分布だ」っていわれる理由の1つ。それがこの定理の本質ね。

じゃあもう少し詳しく見ていこう。元々の母集団の平均が μ だった。そして、集めてきた標本で作る平均（標本平均 $\overline{X_n}$）がどういった分布をしているのかというと、その分布（母集団ってサンプルするときのおおもとの確率分布だね）の平均が μ で、分散は $\dfrac{\sigma^2}{n}$ になるっていってるんだね。

標本平均 $\overline{X_n}$ の分布のこと！

つまりこれは、n が大きければ大きいほど、サンプルをたくさん集めれば集めるほど、

標本平均の分布はシャープになる

ということ。いいでしょうか。

じつはここまでの話は、n が大きくなくても成り立つ標本平均自体の性質

…って言われても、まだイメージがわかないと思う。だから今回は、

「この主張がこういうことを意味してるんだ」という気持ち

のわかる授業をしていこうって思います。じゃ、さっそくいきましょう。

はい、ここに適当な母集団を3つ準備しました。ある範囲で一様な分布（左の図）とか、マクドナルドのマークみたいな分布（中央の図）とか、あとはもうグチャグチャな分布（右の図）。ただ、これらの共通点はどれも平均が μ、分散が σ^2 ということ。そういった確率分布を準備しました。

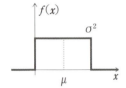 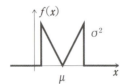 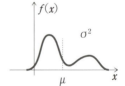

さて、中心極限定理の何がすごいかっていうと、

母集団の分布によらない

ってことなんだわ。これらの分布って正規分布と縁とゆかりもコネもない分布なんだけど、そこから作る**標本平均**の その分布 が、正規分布になるってことがすごい。

もちろん、中には平均や分散が存在しない変わった分布も存在するから、そういうのには適用できないんだけど、普通に考えるような分布だったら、

平均や分散が有限な値をとる分布だから心配ないよね。だから、中心極限定理って本当に適用範囲がめちゃくちゃ広い定理だといえるね。ポイントをかいておこうか。

> ここが point！
>
> **母集団の分布は何でもよい**

ここでいったん話をまとめておくね。まずはじめに、母集団から n 個のデータをサンプルしましょう。そして、その n 個のデータの平均をとったものの分布を見ます。

$$\overline{X_n} = \frac{X_1 + X_2 + \cdots + X_n}{n}$$

そうすると、母集団の分布によらず、それが正規分布になるっていうのが中心極限定理の主張。さらに、その正規分布の平均は μ、分散が $\dfrac{\sigma^2}{n}$ ということもいえる。

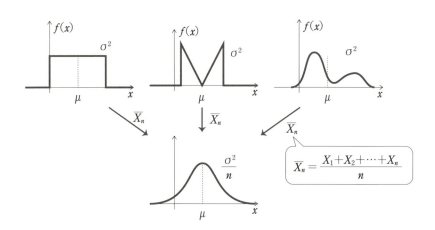

ここで思い出してほしいのが、**標準偏差**って正規分布の ふくらみ具合 を表していたということ。

正規分布の中心からの散らばり具合のことね

標準偏差っていうのは分散の正の平方根をとったものだから、$\dfrac{\sigma^2}{n}$ に $\sqrt{}$ をつけて $\dfrac{\sigma}{\sqrt{n}}$。下の図を見てもらうとわかると思うんだけど、赤く色付けした部分が $\dfrac{\sigma}{\sqrt{n}}$ になるんだね。だから、サンプルすればするほど、つまり n を大きくすればするほど $\dfrac{\sigma}{\sqrt{n}}$ が小さくなるから、この分布がシャープになっていく。標本平均の分布がシャープになるってことは、標本平均が母平均 μ に近い値をとる確率が高まるってことだよね。

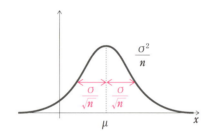

くどいようだけど、中心極限定理がすごいのは、母集団が全く違っても平均と分散が同じであれば、標本平均が、同じ正規分布になるということなんだよね。ただ注意してほしいのは、こういう分布になるのは、あくまで**標本平均**だということ。1個1個のデータでなくて、データを全部足して算術平均をとったものの分布がこうなるっていう主張なのね。

最後に、やや発展的な内容と、この定理の使い方の具体例を紹介しておしまいにしましょう。

今回は、n が十分大きいときに確率分布が近似的に正規分布に従うっていったんだけども、じつはうまい問題設定を考えれば、n を ∞ にもっ

※うまい問題設定とは「正規分布の標準化を考える操作」

ていったとき、正確に正規分布に従うってことを数学的に示すこともできるんだね。でもその議論をするためには法則収束っていう少し込み入った
（確率論の収束には法則収束の他に平均収束、概収束、確率収束などがあるよ。）
数学の話が必要なので、今回は触れないでおくね。

じゃあ最後に、今回の定理がどのように使えるかっていうイメージがわく具体例を扱おう。たとえば

　　　　　　　新成人の平均身長を推定したい

身長 165cm の自分には残酷

っていう残酷な調査があるとしよう。

　まず、新成人の身長は、だいたい平均の±10cmに収まってると仮定しよう。妥当だよね？　だから母集団の標準偏差を10とする。$\sigma = 10$ってことだね。

新成人全体の身長の集まり
　この場合、母集団の分布の形は気にしなくていい。中心極限定理を使う場合、母集団の分布は自由だったからね。だから、新成人の身長の本当の分布なんて知らなくてもいいんだ。ただ、その母集団から、何人かをちゃんと無作為にサンプルする。たとえば、100人のデータを集めたとしようか。つまり、$n = 100$ ということね。

　そのときに、いまサンプルした100人の身長を測って平均をとるんだけど、その平均値が新成人全体の身長の平均の推定値になるよね。そして、それが 本当の平均 とどれだけ違うかを、中心極限定理を使うと見積もること
母集団の平均
ができる。

　何でそんなことができるのか説明するね。100人サンプルしたらその標本平均の標準偏差は

$$\frac{\sigma}{\sqrt{n}} = \frac{10}{\sqrt{100}} = 1$$

だから、母集団の平均と標本平均の平均が同じであることをふまえれば、

「100人サンプルしたら、身長の<u>本当の平均</u>と、自分たちがいま<u>推定している平均</u>が、だいたい±1くらいしかズレていませんよね」

 本当の平均（母集団の平均）はわからないけど、100人の平均値なら計算できる。この標本の平均値で本当の平均をある程度推定できるんだね

って主張することができるんだね。

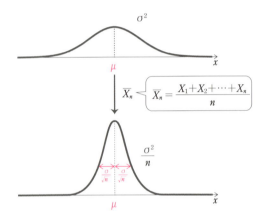

たとえば物理などの実験を行うとき、母集団の平均を<u>真値</u>という正しい値だって考えることがある。これはどういうことかというと、測定をn回繰り返してそれらの算術平均をとれば、どんどんその真値に近づいていきますよっていう考え方ね。だから、測定の誤差論なんかを考えるときにも中心極限定理ってすごく重要なんだ。

 中心極限定理は誤差を数学的に評価する背景になっている

誤差というものをしっかり評価するには、こういった数学が背景にあるんだね。

以上で今回の授業はおしまいにします。　　　　　　　　お疲れさまでした。

講義No.14 板書まとめ

中心極限定理の気持ち

平均 μ 、分散 σ^2 の母集団から
無作為に n 個取り出して作った標本平均 $\overline{X_n}$ は
n が十分大きいとき、近似的に
平均 μ 、分散 $\dfrac{\sigma^2}{n}$ の 正規分布 に従う

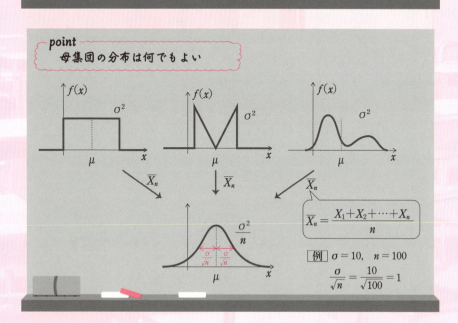

講義 No.15

3次元極座標

はい、どうもこんにちは。

今回の授業では、**3次元極座標**を扱っていこうと思います。高校の段階ですでに2次元極座標は習ってると思うんだけど、その拡張バージョンが今回扱う3次元極座標というものになります。

まず確認したいことは、3次元空間中の1点を指定するときって、普通の直交座標系では

$$(x, y, z)$$

という3つの変数を使ったよね。今回扱う**3次元極座標**というのは、このかわりに

$$(r, \theta, \varphi)$$

という3つの変数で指定するんだ。それぞれの名前を確認しておくと、r は動径または動径の長さと呼ばれるもので、θ は、天頂角って呼ばれるもの。

「てんちょう」って言っても、3番テーブルモ●バーガーって言ってる店長じゃないからね。

φ は、方位角 または 偏角 と呼ばれるもの。

　えーっと、説明に入る前に意識してほしいことがあるんだけど、それが変数の性格という話。直交座標系での x, y, z はどれも同じ性格をしているんだけど、3次元極座標の r, θ, φ っていうのは、r は距離、θ, φ は角度のことなんだ。だから、3次元極座標の r, θ, φ という3つの変数は、距離と角度という2つの性格に大きく分かれるということ。

　じゃあさっそく図にして説明していくね。3次元空間の図をかいてみよう。その空間中の1点Pを考える。この点は直交座標系で (x, y, z) と表される点だと思ってほしい。

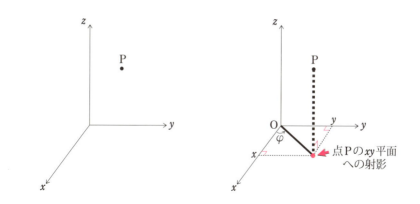

　まず、点Pから xy 平面に垂線を下ろす。そうすると xy 平面に点Pの射影ができるよね。この点が x 軸からどれだけ傾いているのかを表すのが偏角の φ。つまり、点Pを z 軸の正方向から見下ろしたとき、その点と原点を結んだ線と x 軸がなす角が φ。r はもっと簡単で、これは原点から点Pまでの距離のこと。最後に θ を考えよう。まず、図を見やすくするために点Pから z 軸に垂線を下ろす。そのときに z 軸と交わる点が直交座標系での z だ。天頂角っていうのは、点Pの場所が z 軸からどれだけ傾いているかを表すもの。つまり、θ は z 軸の正の方向からの傾きだね。

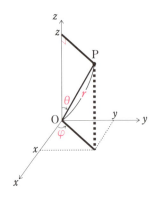

　最後に、3次元極座標での空間中の点の指定の仕方の流れを追ってみよう。まず、原点からの距離 r を指定する。それだけだと、可能性のある場所は半径 r の球上に無数にあるよね。そして次に θ、つまり z 軸正方向からの角度を指定する。この段階でもまだ、可能性が球上の一部に限られただけで絞りきれてないね。だから最後に φ を指定して1点に決めてあげる。

　これが3次元極座標で空間中の点が1つに指定されるイメージ。下の図をよく確認してみてね。

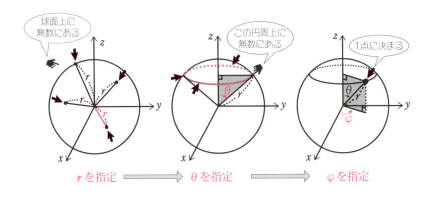

　次に、直交座標系の x, y, z と極座標系の r, θ, φ の関係について調べていきましょう。
　最初に x を調べよう。この x が r, θ, φ を用いてどのように表されるか考

える。そのために、こんな三角形を考えよう。

　図を見てほしい。ここで  は点Pからz軸に垂線を下ろした辺を含んでいるわけだから、こいつは直角三角形だよね。そして、点Pからz軸に下ろした垂線の長さがわかればxの値が求めやすくなるから、この部分の長さと同じ長さをもつ部分を太い赤線で塗っておこう。

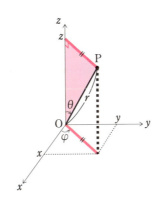

　この太い赤線の長さを求めよう。いま、線分OPの長さがrで、線分OPとz軸の傾きがθなんだから、点Pからz軸へ下ろした垂線の長さは$r\sin\theta$だね。だから当然、xy平面にある赤い太線の長さも$r\sin\theta$になる。

　そうするともうxがわかるよね。xy平面にあるもう1つの直角三角形をグレーで塗っておくよ。点Pをxy平面に射影してできた点からx軸に垂線を下ろした場所がxなわけだから、直角なところはここだね。図に赤くかいておこう。この直角三角形を見ればxがわかるんじゃないかな？　斜辺が$r\sin\theta$の直角三角形だから、$r\sin\theta\cos\varphi$がxになる。つまり

$$x = r\sin\theta\cos\varphi$$

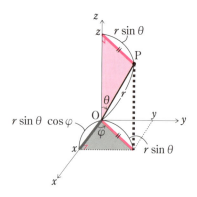

次に **y** について考える。y は点 P を xy 平面に射影したときにできる点から x 軸に下ろした垂線の長さと同じだから、下の図の<u>赤い点線</u>の長さを調べればいい。だからさっきと同じように考えて、$r\sin\theta\sin\varphi$ がここの長さだね。よって

$$y = r\sin\theta\sin\varphi$$

最後に **z** を考えよう。じつはこれがいちばん簡単。赤く塗った 直角三角形 に注目すれば、

$$z = r\cos\theta$$

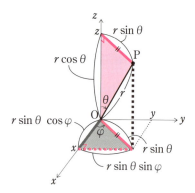

> **直交座標 x, y, z と極座標 r, θ, φ の関係**
> $$\begin{cases} x = r \sin\theta \cos\varphi \\ y = r \sin\theta \sin\varphi \\ z = r \cos\theta \end{cases}$$

最後に、**それぞれの定義域**をみていきましょう。

r は原点からの距離だから、

$$r \geq 0$$

次に、線分 OP の z 軸正方向からの傾きである θ について。これ、混乱する人が多いんだけど、0 から π で十分だよね。それ以上行っちゃうと反対側から行ったほうが早いからね。だから

$$0 \leq \theta \leq \pi$$

φ は高校でもやったように、2 次元極座標の偏角と同じなんだから 0 から 2π でいい。これで一周できるもんね。そして 0 と 2π が同じ場所だから一方の等号を取り除くと、

$$0 \leq \varphi < 2\pi$$

あるいはこの範囲をこう書き換えてもいいね。

$$-\pi < \varphi \leq \pi$$

これでも同じ範囲を動けるはずだから。

3 次元極座標を使いこなせる気がしてきた？
今回の授業はこれでおしまいにしましょう。

お疲れさまでした。

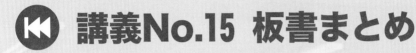

3次元極座標

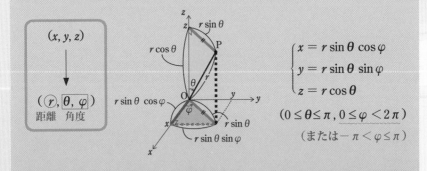

(x, y, z)

↓

$((r), \theta, \varphi)$
距離　角度

$\begin{cases} x = r \sin\theta \cos\varphi \\ y = r \sin\theta \sin\varphi \\ z = r \cos\theta \end{cases}$

$(0 \leq \theta \leq \pi, 0 \leq \varphi < 2\pi)$
（または $-\pi < \varphi \leq \pi$）

講義 No.16

立体角

解析

はいどうもこんにちは。

今回は平面で定義された 2 次元の角度を、3 次元に拡張した立体角というものを扱っていきたいと思います。この講義は 3 次元極座標を理解していないと難しいので、もしまだ見ていない人は No.15 の講義を見てみてください。

立体角の正しい理解のためには、まずは 2 次元における平面角の弧度法を深く理解している必要があるから、そこから確認していきましょう。

じゃあ質問、

弧度法の単位って何だったっけ。

ん？　どうしたの、コソコソして。って…

それは引っ込み思案（ヒッコミジアン）だろって？

ファボゼロのボケすんな！

本当にね

こういう理系ネタだったら多少つまらないボケでも

立体角

そうだね。**ラジアン**だね。

平面角における弧度法の定義ってこういうものだったよね。まず半径 r の円をかき、これに対して、ある弧の長さ L があったとき、それを見上げる角度を θ とする。この θ をどう考えるかというと、**弧度法**では、自分たちが使い慣れた長さの比を使うんだった。こんなふうに。

$$\theta = \frac{L \text{ 弧長}}{r \text{ 半径}}$$

つまりこいつは、$\frac{\text{弧長}}{\text{半径}}$ だね。

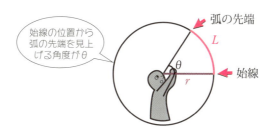

どうしてこういった定義ができるかを思い出そう。いまかいた扇形の中に小さい扇形をかく。そのとき、大きい方も小さい方も見上げる角度はもちろん同じだよね。だから次のように考えてあげたらいい。小さい扇形の半径を r_1、大きい扇形の半径を r_2 とする。そして、小さい扇形の弧の長さを L_1、大きい扇形の弧の長さを L_2 としよう。このとき、次の比が一定になるはずなんだ。

$$\frac{L_1}{r_1} = \frac{L_2}{r_2}$$

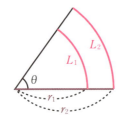

半径と弧の長さってその比が常に一定なんだね。これが大きな特徴。

　だからこの関係を使って角度を定義した。これが弧度法。そうすることによって、

半径によらず角度が定義できる

から。このように定義したとき、θはどこからどこまでの値をとるだろう？もちろん、弧の長さが0になるときは0になるから、θは0からスタートするはず。そして、この長さは円を一周すれば$2\pi r$になる。だからこれをrで割って2π。

$$0 \leq \theta \leq 2\pi$$

弧度法のポイントをまとめておこう。

> ここがpoint！
>
> 弧度法の考え方＝円周をどれだけ切り取ったか

　つまり、この角度θというのは、

「見上げる角度が切り取るのは、円周の全体のうちどれぐらいですか」

というもの。これが弧度法の気持ち。このことが頭にあると、

「もしこの円が球だったら3次元に角度を拡張できるんじゃないか」

って思うよね。それを具体化したものがいまから話す立体角というやつなんだ。

186　立体角

立体角の**単位**は、ステラジアンって呼ばれたりする。ギリシャ語で立体という意味をもつ stereos からきてるんだね。これは、円の話を球の話に拡張して考えているから、まずは球をかいて、それを円錐の一部で切り取る絵を想像してみよう。

次の図を見てほしい。球の中にクラッカーが入ってる。そして、クラッカーの先が球面に沿って丸くなっていると想像してほしい。そして、このクラッカーの細さを表すのが**立体角**Ωというもの。

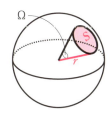

ここで、球の半径を r としよう。そしてこの球から図のような円錐が切り取る面積、これを S とするとき、Ω の**定義**を 2 次元のときと同じように比で表すことにして、

$$\Omega = \frac{S}{r}$$

ってやりたくなる気持ちもわかるんだけど、じつはこのままではダメ。これだと Ω が球の半径に依存しちゃうんだよね。だからここで、分母の r を 2 乗しておく。こんなふうに。

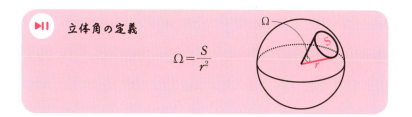

立体角の定義

$$\Omega = \frac{S}{r^2}$$

こう定義する理由を図を使って説明しよう。いま考えている円錐の中に小

さい円錐をかく。そして小さい円錐が球面から切り取る面積を S_1、大きい円錐が球面から切り取る面積を S_2 としよう。

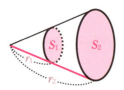

このとき、大きい円錐でも小さい円錐でもその細さ、つまり Ω は同じだよね。そして、

$$\frac{S_1}{r_1^2} = \frac{S_2}{r_2^2}$$

という量は、同じ細さの円錐ならどれも同じ値になる。だからこれを立体角の定義として採用するわけだ。

つまり、円錐が球面から切り取る面積 S は球の半径の 2 乗 r^2 に比例する

> 円の場合は、弧の長さは半径の 1 乗に比例。球の場合は表面積が半径の 2 乗に比例している。

から、S を r^2 で割ると球の半径によらない量になるということ。こうすることによって、

半径によらず 3 次元の角度が定義できる

この定義を採用した場合、Ω の値はどこからどこまでとり得るかわかる？もちろん完全に円錐をつぶしてしまえば面積は 0 になるから、一番小さい値は 0。そして、球の表面積は $4\pi r^2$ だから、これを r^2 で割った 4π が一番大きい値。つまり、

$$0 \leq \Omega \leq 4\pi$$

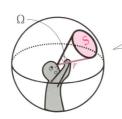

Ωという角度で見上げたときに見える球面の表面積が重要。このΩを一番大きくとれば球の表面が全部見えるよね。

立体角

弧度法のときと同じようにポイントをまとめると、

> **ここがpoint！**
> 立体角の考え方＝球の表面積をどれくらい切り取ったか

ってことなのね。

　じゃあこの**立体角ってどうやって計算するんだよ**って思ったり、**円錐以外で切り取ったらどうなるんだよ**っていう疑問が自然に湧くと思う。たとえば長方形とか三角形で切り取ったらどうなるかって話ね。それらの疑問を一発で解決してくれるのが、いまから説明する**一般化された微小立体角**というもの。それについて話していこう。

　ここから先は**3次元極座標**に慣れている人向けの話になるよ。

もしまだ慣れてなかったり、勉強していなかったりしたら、
とりあえず今回ばかりは
顔のほくろの数でも数えててください。

じゃあやっていこう。次の図を見ながら聞いてほしいんだけど、まずはxyz空間の中に原点中心の球をおく。さっきは半径rの球の面を円のような形で切り取ったんだけど、今回は長方形のような形で切り取ることを考えよう。いま、このクラッカーのようなものの細さが十分に小さい場合で考えると、この部分の面積も十分に小さくなるはずだから、dSってかいておこう。

そして、このクラッカーの細さを**微小立体角**と呼んで$d\Omega$とかく。

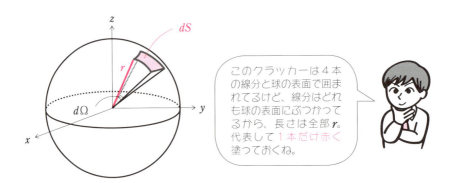

このクラッカーは４本の線分と球の表面で囲まれてるけど、線分はどれも球の表面にぶつかってるから、長さは全部r。代表して1本だけ赤く塗っておくね。

ここから面積dSがどんなふうにかけるか調べていくんだけど、まずは球の表面から切り取った長方形の１つの辺の長さがどうなるかを考えよう。この部分を赤い太線で図にかいておくね。いま赤く塗られた長さrの線分がz軸からθの角度の場所にいるとして、そこから$d\theta$進んだ場所に次の線分があるとしよう。だからいまかき足した赤い太線の部分の長さは、扇形の弧の長さを求める公式を使えば、$rd\theta$だとわかる。

弧度法では扇形の弧の長さL
$L = r\theta$

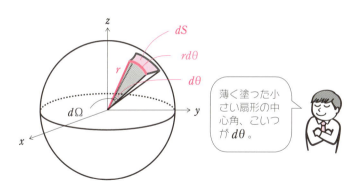

今度はやや難しいんだけど、長方形のもう一方の辺の長さを求めたい。この部分をさっきとは違う色の太線でかいておこう。まず、はじめに赤く色を付けた線分の先からz軸にむかって垂線を下ろすと、この垂線の長さは$r\sin\theta$になるよね。

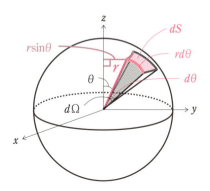

そして、違う色の太線でかいた長方形の辺の長さは、この垂線が半径である扇形の弧の長さだと考えればいい。さらに見づらくなるけど、この小さい扇形の中心角を$d\varphi$としておこう。このとき弧の長さは半径×中心角で、$r\sin\theta d\varphi$になるよね。

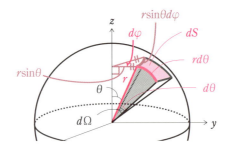

だからこの dS の面積は、

$$dS = r^2 \sin\theta d\theta d\varphi$$

とかける。これはなぜかというと、微小なものを考えてるから。だからこの長方形もどきは長方形とみなせて、

（長方形の面積）＝（辺の長さ）×（辺の長さ）

で、

$$\boxed{r\sin\theta d\varphi} \times \boxed{rd\theta}$$

になってるんだね。

ところで、やっぱり微小な立体角で考えた場合も、切り取られる微小面積の大きさは、

$$r^2 に比例$$

してたね。
だからここでも次の定義が有効になる。

$$d\Omega \equiv \frac{dS}{r^2}$$

すると、$dS = r^2 \sin\theta d\theta d\varphi$ だから、

> **微小立体角**
> $$d\Omega \equiv \frac{dS}{r^2} = \sin\theta \, d\theta \, d\varphi$$

とかける。

ここからは、この微小立体角を使って色々な立体角を計算していこう。

まずはこういうのを考えようか。

> **example 1 球の表面全体を表す立体角**
> $$\int_0^{2\pi}\int_0^{\pi} \sin\theta \, d\theta \, d\varphi = 4\pi$$
>
>
> 全球

いま、球の表面全体を表したいわけだから、θの範囲は0からπ、φの範囲は0から2πだね。この範囲で微小立体角を積分すればいい。

$$\int_0^{2\pi}\int_0^{\pi} \sin\theta \, d\theta \, d\varphi = \int_0^{2\pi} 1 \, d\varphi \int_0^{\pi} \sin\theta \, d\theta = 2\pi(-\cos\pi + \cos 0) = 4\pi$$

これでちゃんと、円錐の場合で考えたときと同じ4πになることが確かめられたね。

2つめの例は、微小じゃない長方形の立体角を考えてみよう。つまり、一般的に天頂角θ_1, θ_2、偏角φ_1, φ_2で切り取られる部分について。

> **example 2** $\theta_1, \theta_2, \varphi_1, \varphi_2$ で指定される球面上の長方形の立体角
>
> $$\int_{\varphi_1}^{\varphi_2}\int_{\theta_1}^{\theta_2} \sin\theta\, d\theta d\varphi = (\varphi_2 - \varphi_1)(\cos\theta_1 - \cos\theta_2)$$

これも微小立体角をいま考える範囲で積分すればよくて、

$$\int_{\varphi_1}^{\varphi_2}\int_{\theta_1}^{\theta_2} \sin\theta\, d\theta d\varphi = \int_{\varphi_1}^{\varphi_2} 1 d\varphi \int_{\theta_1}^{\theta_2} \sin\theta\, d\theta = (\varphi_2 - \varphi_1)(\cos\theta_1 - \cos\theta_2)$$

と簡単に計算できる。

じゃあラスト、これを考えよう。

> 円錐の半頂角は、円錐の頂角の半分の角。
>
> **example 3** 半頂角 α の直円錐の立体角
>
> $$\int_0^{2\pi}\int_0^{\alpha} \sin\theta\, d\theta d\varphi = 2\pi(1-\cos\alpha)$$

これもいままでと同じように計算すればいいね。図のように、円錐の頂点を原点にあわせて底面の中心が z 軸の正方向と交わるようにおけば、積分範囲がわかりやすい。そうすると、θ の範囲は z 軸から円錐の母線までだから、0 から α。そして、z 軸の周りを一周して円錐が完成するから φ の範囲は 0 から 2π。よって、これで計算すれば、

$$\int_0^{2\pi}\int_0^{\alpha} \sin\theta \, d\theta d\varphi = \int_0^{2\pi} 1 d\varphi \int_0^{\alpha} \sin\theta d\theta = 2\pi(1-\cos\alpha)$$

を得る。こうやって具体例を見れば、実際に立体角って計算できるんだなって感じることができたと思います。

　じゃあ、今回の授業はこれでおしまいにしましょう。

　お疲れさまでした。

講義No.16 板書まとめ

立体角

1. 平面角（ラジアン）

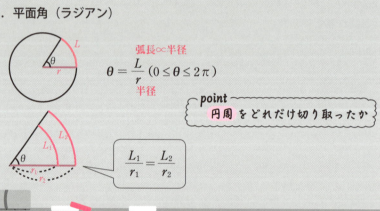

$$\theta = \frac{L}{r} \quad (0 \leq \theta \leq 2\pi)$$

弧長 ∝ 半径
半径

$$\frac{L_1}{r_1} = \frac{L_2}{r_2}$$

point 円周 をどれだけ切り取ったか

2. 立体角（ステラジアン）

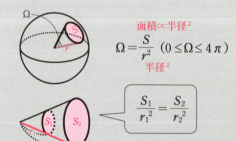

$$\Omega = \frac{S}{r^2} \quad (0 \leq \Omega \leq 4\pi)$$

面積 ∝ 半径^2
半径^2

$$\frac{S_1}{r_1^2} = \frac{S_2}{r_2^2}$$

point 球の表面積 をどれだけ切り取ったか

3. 微小立体角

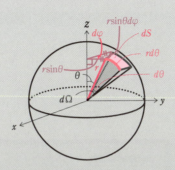

$$dS = r^2 \sin\theta d\theta d\varphi, \quad d\Omega \equiv \frac{dS}{r^2} = \sin\theta d\theta d\varphi$$

ex.1 球の表面全体を表す立体角
$$\int_0^{2\pi} \int_0^{\pi} \sin\theta d\theta d\varphi = 4\pi$$

全球

ex.2 角度 θ_1、θ_2、φ_1、φ_2 の直線で切り取られる部分の一般の立体角
$$\int_{\varphi_1}^{\varphi_2} \int_{\theta_1}^{\theta_2} \sin\theta d\theta d\varphi$$
$$= (\varphi_2 - \varphi_1)(\cos\theta_1 - \cos\theta_2)$$

ex.3 半頂角 α の円錐が切り取る立体角
$$\int_0^{2\pi} \int_0^{\alpha} \sin\theta d\theta d\varphi = 2\pi(1 - \cos\alpha)$$

ベクトル解析

講義 No.17

div（発散）の意味

はいこんにちは。

今回の授業ではベクトル解析の **div（発散）の意味**について扱っていきたいと思います。

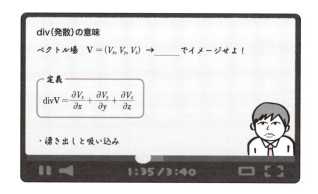

まず意識してほしいのは、div ってのは

　　　　　ベクトル場に対して定義される量

ということ。div を理解できない人の多くは、単に

　　　　　ベクトル場が理解できてない

だけなので、ここから詳しく解説したいと思います。

ベクトル場 $\mathbf{V}$ というのは V_x, V_y, V_z っていう成分をもっているんだけど、そのそれぞれが x, y, z の関数、つまり空間の関数になってるんだ。

式でかいてみるとこんな感じ。

$$V_x = V_x(x, y, z)$$

だから、3次元空間上の1点を指定してはじめてV_xの値は決まるわけだね。こういうものが3つ並んでるわけだから、

$$\mathbf{V} = (V_x, V_y, V_z)$$

はどんなものかっていうと、空間上の1点を指定すると、V_xが決まりV_yが決まりV_zが決まって1つのベクトルになるものってこと。つまり

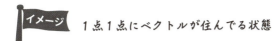

イメージ　1点1点にベクトルが住んでる状態

がベクトル場ね。このベクトル場に対してどんなイメージをもってほしいかというと、それは水の流れがいいと思う。これを水流ってかいておこう。

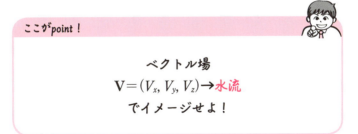

ここがpoint！

ベクトル場
$$\mathbf{V} = (V_x, V_y, V_z) \rightarrow 水流$$
でイメージせよ！

水の流れはベクトルを意識しやすいからね。どういうことかというと、この授業は、とある教室で収録しているんだけど、窓も閉めてドアも閉めてすべて閉じ切った状態で水を入れていく。すごくホラーチックだけれども、かまわず水をどんどん追加していく。

入っていく入ってく入ってく…

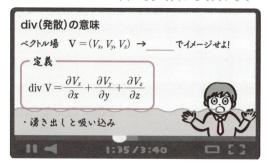

で、どうなるかっていうと

ファボゼロのボケすんな！

こういうくそつまんないボケは水に流して次いくね。

　水で満たされた教室を考える。そして、その水を<s>ガーっ</s>てかき回す。そうすると水がぐるぐる動いて、空間中の1点1点でさまざまな速度で動く水がある状態になるよね。速度ってベクトルで表されるから、この点ではこの大きさとこの向き、あっちの点ではこの大きさとこの向き、っていう状況。言い換えれば、各点各点にベクトルが住んでる状態だよね。これがベクトル場。

じゃ、ここで **divの定義** を確認しようか。

> **定義**
>
> ベクトル場 $\mathbf{V} = (V_x, V_y, V_z)$ に対し，
>
> $$\mathrm{div}\,\mathbf{V} = \frac{\partial V_x}{\partial x} + \frac{\partial V_y}{\partial y} + \frac{\partial V_z}{\partial z}$$

div **V** っていうのは、各成分をその成分で偏微分したものの和になってるんだね。これが div なんだけど、式を見ただけではよくわからないと思うから、今回の授業ではその **意味** についてじっくり考えていきたいと思います。

div を勉強すると、**湧き出し** とか **吸い込み** っていう単語が出てきて何となくわかったような気になるんだけれども、まずはその気分になってほしいから湧き出しと吸い込みがそもそも何かっていうイメージについて話しておこう。

さっき頭に描いてもらった教室の中の1点を選んで、その点を仮想的な立方体で覆ってみようか。そして、この立方体に入ってくる水の量と出ていく

量を計算しよう。たとえば、この立方体の左側から3だけ水が入ってきて、右側から2だけ出ていくとしよう。そして、下側の面から1入ってきて上側の面から2抜けるとしよう。でもって、手前の面から1入ってきて奥の面から1抜けるとしよう。このとき、どれだけの水が立方体に入ってきて出ていったかを計算するね。

まず、出ていった量を計算しようか。これは、それぞれ2, 1, 2だから合計は$2+1+2=5$、これが 流出量。

次に、入ってくる量は負でカウントすると、それぞれ3, 1, 1だから、その合計は$-(3+1+1)=-5$。これが 流入量。

これらの正味の量はどうなるかというと、今回は$5-5=0$になるんだね。だからこれは、**湧き出しも吸い込みもない例**。この立方体の中から水が湧き出てきたわけでも吸い込んだわけでもなく、ただそこを通って流れていっただけ。

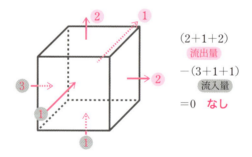

次に**湧き出しがある例**を考えてみようか。

左側から2だけ水が入ってきて右側から2だけ出ていくとしよう。そして、下側から1入ってきて上側から2抜けるとしよう。そして、手前から1入ってきて奥から1抜けるとしよう。このとき、流出量は$2+1+2=5$、流入量は$-(2+1+1)=-4$。これで正味の量は$5-4=1$。正の値になったね。これが湧き出し。

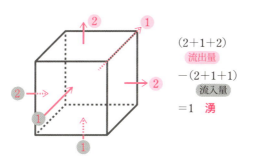

div（発散）の意味

　たとえば、流出量と流入量の差が正っていうのは、入った量より出てった量のほうが多いということ。ここで考えている液体が水みたいに伸びたり縮んだりしないものだったら、この立方体の中のどこかから水が湧き出していないと説明がつかないよね。なんかちっちゃい蛇口みたいなものが立方体の中にあって、そこから水がバーッと出てる状況だよね。だから正味の量が正な場合を、湧き出しっていうんだ。

　じゃ、**吸い込み**の場合について。

　左側から4入ってきて右側から2だけ抜ける。下側から1入ってきて上側から2抜ける。そして、手前から1入ってきて奥から1抜ける状況を考えよう。そうすると、流出量は$2+1+2=5$、流入量は、$-(4+1+1)=-6$だから、正味の量は$5-6=-1$。こんなふうに負になるケースは吸い込みって呼ばれる。なぜかというと、流入量のほうが流出量より多い状況なわけだから、入れた分がどこかにいってしまったということ。つまり、中に小さいブラックホールみたいなものがあって水が吸い込まれているような状況だよね。だから吸い込みっていう。

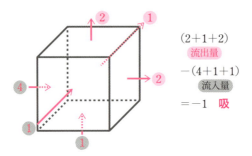

　吸い込みも湧き出しもない例、湧き出しがある例、吸い込みがある例などを微小体積に対して考えることによって、数学的にもっと厳密に扱ったものが div（発散）なので、次はそれを説明していきたいと思います。

　では、div の式を**導出**していくね。

　まず3次元空間中のどこか好きな点 (x, y, z) をとってくる。そしてこれがちょうど中心にくるような小さい直方体を考える。つまり、この点を仮想的な小さい直方体で覆う。そして、それぞれの辺の長さを $\Delta x, \Delta y, \Delta z$ としようか。この直方体に入ってくる水の量と出ていく水の量の差

$$（流出量）-（流入量）$$

を考えるね。

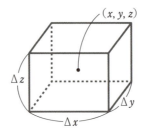

204　div（発散）の意味

この計算をどうやるかっていうと、ここでもポイントはベクトル場なんだ。たとえば左側の面から入ってくる水の量を考えるときに、左側の面を代表して重心Gを選ぶ。そして、この点に住んでるベクトルを考える。ベクトル場って1点を決めたら1つのベクトルが決まるものだったからね。

そして、この面を通って入ってくる水の量を考えたいわけだから、この面に対して垂直な成分だけ考えようか。つまり、今回の直方体でいえば、x方向だよね。図にすると、こんな感じになる。

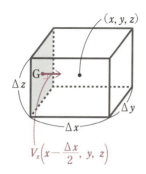

つまり、点GにおけるV_xを考えてやればいい。ここで点Gの座標は点(x, y, z)から$-\dfrac{\Delta x}{2}$だけ動いてるわけだから$\left(x - \dfrac{\Delta x}{2}, y, z\right)$だね。だから、この点における$V_x$は

$$V_x\left(x - \frac{\Delta x}{2}, y, z\right)$$

となる。同じように、右側の面から出ていく量を考えるには、右側の面の重心に注目する。こっちの重心の座標は$\left(x + \dfrac{\Delta x}{2}, y, z\right)$だから、

$$V_x\left(x + \frac{\Delta x}{2}, y, z\right)$$

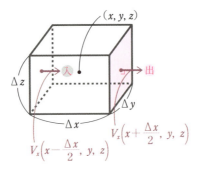

こんなふうにベクトルが次々と定まってくる。そして、いま x 軸に垂直な面から入ってくる量と出てくる量との差

$$(流出量) - (流入量)$$

を計算してみるね。

右側の面の重心からの流出量は $V_x\left(x+\dfrac{\Delta x}{2}, y, z\right)$ で、いま Δx も Δy も十

> 十分に小さい長方形ってことだね。

分に小さいケースを考えているから、この右側の面での V_x はどこも同じ値だと思っていい。だからこれに面積をかければ流出量を求めることができるね。

この面の面積が $\Delta y \Delta z$ だから、

$$V_x\left(x+\dfrac{\Delta x}{2}, y, z\right)\Delta y \Delta z$$

となる。同じように入ってくる量は、$V_x\left(x-\dfrac{\Delta x}{2}, y, z\right)$ に左側の面の面積 $\Delta y \Delta z$ をかけて、さっきの流出量と差をとれば、

$(流出量) - (流入量)$

$$= V_x\left(x+\dfrac{\Delta x}{2}, y, z\right)\Delta y \Delta z - V_x\left(x-\dfrac{\Delta x}{2}, y, z\right)\Delta y \Delta z$$

> $\Delta y \Delta z$ は共通だから、中カッコでくくる。

$$= \left\{ V_x\left(x + \frac{\Delta x}{2}, y, z\right) - V_x\left(x - \frac{\Delta x}{2}, y, z\right) \right\} \Delta y \Delta z$$

こんなふうになるね。じつはこれ、一見汚い式に見えるんだけれど、テイラー展開を使うときれいにまとめられるんだ。

> テイラー展開の詳しい話は講義 No.1 を見てね！

そして、テイラー展開で出てくる2次以上の微小量を無視すれば次のようにかける。

復習
$$V_x\left(x \pm \frac{\Delta x}{2}, y, z\right) \fallingdotseq V_x(x, y, z) \pm \frac{\partial V_x}{\partial x} \cdot \frac{\Delta x}{2} \quad \text{(複合同順)}$$

$\frac{\Delta x}{2}$ を微小量だと考えてテイラー展開したってことね。このとき、y, z は

> y と z は動いてないから気にしなくていいね。

固定されて変化してないから、微小量を無視した $V_x(x, y, z)$ と x の偏微分に微小量 $\frac{\Delta x}{2}$ がかけ合わされた形になったね。

このテイラー展開を使って、(流出量)－(流入量) の計算を続けると、

$$\left\{ V_x\left(x + \frac{\Delta x}{2}, y, z\right) - V_x\left(x - \frac{\Delta x}{2}, y, z\right) \right\} \Delta y \Delta z$$

$$= \left\{ V_x(x, y, z) + \frac{\partial V_x}{\partial x} \cdot \frac{\Delta x}{2} - V_x(x, y, z) + \frac{\partial V_x}{\partial x} \cdot \frac{\Delta x}{2} \right\} \Delta y \Delta z$$

$$= \frac{\partial V_x}{\partial x} \cdot \Delta x \Delta y \Delta z$$

になる。ところで、いまは x 軸に垂直な面でしか計算してないけど、もちろん水の流入や流出は、y 軸に垂直な面だったり z 軸に垂直な面でも生じるよ

ね。だから、そいつらも全部合計してあげようか。つまり、

全部の面を考慮した**正味の流出量**

を計算してあげる。そうすると、x 軸に垂直な面で

$$\frac{\partial V_x}{\partial x}\Delta x \Delta y \Delta z$$

だったように、y 軸に垂直な面の場合はこの式の x が y になって、z 軸に垂直な面はこの x が z になる（怖かったら計算して確かめてみてね）。これら全てを足し合わせると、どれも共通の因数 $\Delta x \Delta y \Delta z$ をもつから、

正味の流出量 $= \left(\dfrac{\partial V_x}{\partial x} + \dfrac{\partial V_y}{\partial y} + \dfrac{\partial V_z}{\partial z} \right) \Delta x \Delta y \Delta z$

div の定義が
$\dfrac{\partial V_x}{\partial x} + \dfrac{\partial V_y}{\partial y} + \dfrac{\partial V_z}{\partial z}$
だったから、ゴールがかなり近づいていそうだよね。

となる。もう気付いたかな？　この式を直方体の体積 $\Delta x \Delta y \Delta z$ で割ってあげたら div の値そのものだね。ある量を体積でわった場合、その量は単位体積あたりの量になるから、この式の両辺を直方体の体積で割ってあげたものは次のようにいえる。

ここが point！

（単位体積当たりの正味の流出量）$= \mathrm{div}\, V$

つまり、空間中のある1点に注目したとき、その近傍から出ていく量と入ってくる量を足し合わせたものが div になっているってこと。これで正体がわかったよね。div の正体とは、別の言い方をすると…

> **ここがpoint！**
> 1点を仮想的に覆うような直方体の中から出ていく量の合計

だね！　だから div は 湧き出し っていわれるんだ。これでおしまい！ お疲れさまでした！

div（発散）の意味

講義No.17 板書まとめ

div(発散)の意味

ベクトル場 $V = (V_x, V_y, V_z)$ → 水流でイメージせよ！

定義
$$\mathrm{div} V = \frac{\partial V_x}{\partial x} + \frac{\partial V_y}{\partial y} + \frac{\partial V_z}{\partial z}$$

・湧き出しと吸い込み

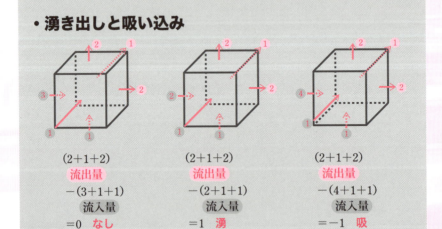

div（発散）の意味

- 導出

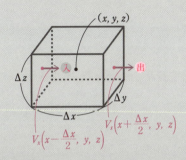

（流出量）−（流入量）

$$= V_x\left(x+\frac{\Delta x}{2}, y, z\right)\Delta y\Delta z - V_x\left(x-\frac{\Delta x}{2}, y, z\right)\Delta y\Delta z$$

$$= \left\{V_x\left(x+\frac{\Delta x}{2}, y, z\right) - V_x\left(x-\frac{\Delta x}{2}, y, z\right)\right\}\Delta y\Delta z$$

$$= \left\{V_x(x,y,z)+\frac{\partial V_x}{\partial x}\cdot\frac{\Delta x}{2} - V_x(x,y,z)+\frac{\partial V_x}{\partial x}\cdot\frac{\Delta x}{2}\right\}\Delta y\Delta z$$

$$= \frac{\partial V_x}{\partial x}\Delta x\Delta y\Delta z$$

y と z も同様に考えて

正味の流出量 $= \left(\dfrac{\partial V_x}{\partial x}+\dfrac{\partial V_y}{\partial y}+\dfrac{\partial V_z}{\partial z}\right)\Delta x\Delta y\Delta z$

単位体積当たりの 正味の流出量 $= \mathrm{div}\mathbf{V}$

grad（勾配）の意味

講義 No.18

今回はベクトル解析で習う **grad（勾配）の意味** について講義していきたいと思います。

> **grad（勾配）の定義**
>
> スカラー場 $f(x, y, z)$ に対し
>
> $$\operatorname{grad} f = \left(\frac{\partial f}{\partial x}, \frac{\partial f}{\partial y}, \frac{\partial f}{\partial z} \right)$$

まず、grad は **スカラー場** に対して定義される演算子なんだけど、grad でつまづいている人の多くは、このスカラー場が何かがわかっていないので、ここから丁寧に解説するね。

スカラー場は、$f(x, y, z)$ というふうにかくんだけど、これが意味することは、空間中の点 (x, y, z) を1つ指定すると値が定まるということ。これをどのようにイメージしてほしいかというと、

> **ここが point！**
>
> スカラー場
> $f(x, y, z) \rightarrow$ **気温**
> でイメージせよ！

grad（勾配）の意味

たとえば、自分の周りのある1点に注目すると、その点での温度が決まるよね。もちろん、超異常気象でもなければ、空間中で近い2点の気温なんてそんなに変わらないはずなんだけど、ここでは変わるケースを想像してね。その場合、たとえばここの温度が27.0℃、ここの温度が25.5℃、ここの温度が26.2℃…というように、各点各点に1つの値が住んでるよね。各点に対し1つのスカラー量、つまり1つの数が住んでいる。これがスカラー場というもの。

じゃあ、gradの定義がどのようなものかを確認するね。それは、定義の式のとおり、$f(x, y, z)$という関数のx偏微分がx成分、y偏微分がy成分、z偏微分がz成分、そういうベクトルが$\mathrm{grad}\, f$だった。

これだけ言われてもあまり意味がわからないと思うから、今回はその意味をしっかり理解していこう。

まず、この例を見てほしい。たとえばスカラー場がこんなふうに与えられているとする。

$$f(x, y, z) = x + 10y + 100z$$

これ、たとえば$(1, 1, 1)$という点だったら111という値をもってるし、$(2, 2, 2)$だったら222という値をもってるわけだね。そんなふうに各点に値が1つずつ住んでいる。このスカラー場のgradを考えよう。とりあえず定義通り計算すれば、

$$\mathrm{grad}\, f = (1, 10, 100)$$

となる。ここで一度頭を切り替えてほしんだけど、このスカラー場に住んでいる人にとって、どの方向に動いたらfの値がいちばん急激に変わると思う？ たとえばx方向に動くとか、y方向に動くとかそういうことね。

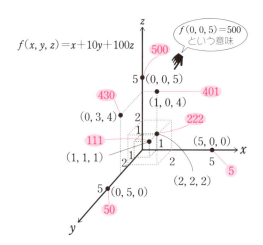

この図を見ると、z の値が少しでも変わったらその変化が 100 倍されるわけだから、「z 方向に動くといちばん変化が激しそう」って思うよね。かといって、y 方向に動いてもその変化は 10 倍されるし、x 方向に動いてもその変化はそのまま反映される。

だとすると、z 方向にだけ進むより、少しだけでも y の方向とか x の方向にも動きたくなるよね。

じつは、f の値が一番大きく変化する方向が、この $(1, 10, 100)$ っていうベクトルの方向なんだ。

変化が一番大きい方向が grad

$(1, 10, 100)$ ってほとんど z 方向だよね。だから最初の直感とも反していないことがわかる。

つまりここまでの話をまとめると、

ここが point！

$\mathrm{grad}\, f$ の向き＝f が最も激しく増加する方向

これが grad の向きの意味なんだ。grad f って $(1, 10, 100)$ という向きをもったベクトルだもんね。その向きに少し動くと f の値が一番激しく増加するということ。

grad（勾配）の意味

なんかまあね、
これが勾配です
って言われて、ああ
そうばい　そうばい
って言ってるやつ

ファボゼロのボケすんな

もうほんとにこういうゼロ点のボケするやつ
大学生活心配なんだよね。

大丈夫？

好きな YouTuber とかいる？

え？　毎日可愛い YouTuber の動画を正座しながら見てる？

じゃあ俺と一緒だね。

いやぁ、ボケがつまらなすぎて
頭がグラット (grad) してきたわ。

ごめん。次に進むね。とりあえずここまでで、なんとなくのイメージがもてたと思う。つまり、grad f の向きは、f の値が最も激しく変化する方向ってこと。さっきの例をみるとなんとなくそう思えたでしょ？

ただ、このままだと少し気持ち悪いよね。だってさ、最もって本当にそう？　って思うでしょ。だからいまからこのことを証明しよう。

> この部分の証明ってことに注意

Proof grad f の向き＝f が最も激しく増加する方向であることの証明

まず、3次元空間を考えて、そこから好きな1点をとってこよう。その場所 (x, y, z) を図にかきこんでおくね。そして、この点の位置ベクトルを **r** としよう。それから、grad f のベクトルも適当に図にかいておく。

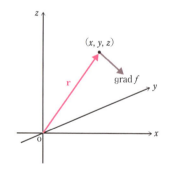

そうしたら、いったん grad のことは忘れて、この点 (x, y, z) から少し動いてみよう。**r** からちょっとだけ動いたときの微小変化を $\Delta \mathbf{r}$ とする。

次に、grad f と $\Delta \mathbf{r}$ のなす角を θ としよう。これはもう少し後に使うけど、先にかいておくね。

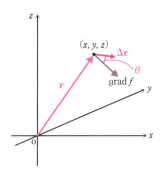

じゃあここから、$\mathbf{r}$ が $\Delta\mathbf{r}$ だけ動いたときに、どれだけ f の値が変わるのかを計算していこう。

ここではその変化を Δf とおくことにしよう。それはつまり、
$$\Delta f = f(\mathbf{r}+\Delta\mathbf{r}) - f(\mathbf{r})$$
ということ。この式を簡単にすることを考えよう。いま、$\mathbf{r}$ というのは位置ベクトル (x, y, z) のことだから、$\mathbf{r}+\Delta\mathbf{r}$ の3成分は $x+\Delta x, y+\Delta y, z+\Delta z$ と表される。そうすると、
$$f(\mathbf{r}+\Delta\mathbf{r}) = f(x+\Delta x, y+\Delta y, z+\Delta z)$$
とかけるから、
$$\Delta f = f(x+\Delta x, y+\Delta y, z+\Delta z) - f(x, y, z)$$
となるよね。そしてこれをテイラー展開するんだ。

テイラー展開の意味を忘れた人は講義 No.1 をチェックしてね！

ここで、$\Delta x, \Delta y, \Delta z$ は微小量として考えてるから、これらで展開していく。1次近似すると、
  └─ 2次以上の微小量を無視すること。
$$f(x+\Delta x, y+\Delta y, z+\Delta z) = f(x, y, z) + \frac{\partial f}{\partial x}\Delta x + \frac{\partial f}{\partial y}\Delta y + \frac{\partial f}{\partial z}\Delta z$$

となる。もし3変数のテイラー展開を勉強したことがなかったら一度この結果だけ信じてほしい。

そうすると Δf はこうなるはずだ。

$$\Delta f = \cancel{f(x, y, z)} + \frac{\partial f}{\partial x}\Delta x + \frac{\partial f}{\partial y}\Delta y + \frac{\partial f}{\partial z}\Delta z \; \cancel{-f(x, y, z)}$$

$$= \frac{\partial f}{\partial x}\Delta x + \frac{\partial f}{\partial y}\Delta y + \frac{\partial f}{\partial z}\Delta z$$

この式ってさ、$\Delta \mathbf{r}$ と $\text{grad} f$ の**内積**でかけるよね？

$$\Delta f = (\text{grad} f) \cdot \Delta \mathbf{r}$$

そして、高校数学でもやるような内積の定義から、2つのベクトルのなす角が θ だから、

$$(\text{grad} f) \cdot \Delta \mathbf{r} = |\text{grad} f||\Delta \mathbf{r}| \cos \theta$$

（$\Delta \mathbf{r}$も grad もベクトル!!）

と表せる。いまここで、$\Delta \mathbf{r}$ という微小変化の**大きさを固定**しよう。つまり $|\Delta \mathbf{r}|$ を固定するということ。そして、ここまででわかった結果の式

$$\Delta f = |\text{grad} f||\Delta \mathbf{r}| \cos \theta$$

（θ には依らない。）

を見ながら次の問題を考えてほしい。

> **Question** この Δf を最も大きくする θ は何でしょう？
>
> $\theta = 0$ のとき $\cos\theta$ は最大になって 1 という値をとるから、これが問題の答え。
>
> **Answer** $\theta = 0$ のとき、Δf（fの変化）が最大

これが証明したかった最もの部分。grad f と $\Delta\mathbf{r}$ のなす角である θ が 0 ってことは、やっぱり位置ベクトルは grad f の方向に進んだときに最も f が大きく変化するっていう意味だからね。これで grad f の向きが f の値が最も激しく増加する向きであることが示せた。

ここで grad f の意味をまとめておこう。

 grad f の向きは f が最も激しく増加する向き

じゃあ次に、grad f の大きさはどういう意味があるか考えよう。さっきかいた式、

$$\Delta f = |\text{grad}\, f||\Delta\mathbf{r}|\cos\theta$$

で、$\theta = 0$ としたときには

$$\Delta f = |\text{grad}\, f||\Delta\mathbf{r}|$$

となった。これって、grad f と同じ方向に少し（$\Delta\mathbf{r}$）だけ動いたときに変化する量のことだよね。

 grad f の大きさは、f が変化する度合い

つまり、ベクトル grad f の 向き は最も激しく値が増加する方向であって、grad f の 大きさ はその際に f の値が変化する度合いを意味していたってこと。

　これで grad f の解説をおしまいにしましょう。

　お疲れさまでした。

講義No.18 板書まとめ

grad(勾配)の意味

スカラー場 $f(x, y, z)$ → 気温でイメージせよ！

定義
$$\operatorname{grad} f = \left(\frac{\partial f}{\partial x}, \frac{\partial f}{\partial y}, \frac{\partial f}{\partial z} \right)$$

ex. $f(x, y, z) = x + 10y + 100z$

$\operatorname{grad} f = (1, 10, 100)$

→ $\operatorname{grad} f$ の向き＝f が最も激しく増加する方向（※）

(※)の証明

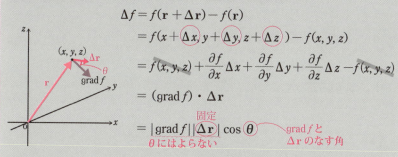

$$\Delta f = f(\mathbf{r} + \Delta \mathbf{r}) - f(\mathbf{r})$$
$$= f(x + \Delta x, y + \Delta y, z + \Delta z) - f(x, y, z)$$
$$= f(x, y, z) + \frac{\partial f}{\partial x}\Delta x + \frac{\partial f}{\partial y}\Delta y + \frac{\partial f}{\partial z}\Delta z - f(x, y, z)$$
$$= (\operatorname{grad} f) \cdot \Delta \mathbf{r}$$
$$= |\operatorname{grad} f| |\Delta \mathbf{r}| \cos \theta$$

固定（θにはよらない）　$\operatorname{grad} f$ と $\Delta \mathbf{r}$ のなす角

→ $\theta = 0$ のとき、Δf が最大

講義 No.19
rot(回転)の意味

はいこんにちは。

今回はベクトル解析で出てくる、**rot(回転)の意味**を説明していこうと思います。

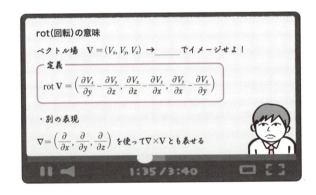

まず rot を理解したかったら、**ベクトル場**の理解が必須。ベクトル場の説明については、講義 No.17 でやった div の冒頭部分を参考にしてね。

まず、rot の定義ってこんな式だった。

定義

$$\mathrm{rot}\,\mathbf{V} = \left(\frac{\partial V_z}{\partial y} - \frac{\partial V_y}{\partial z}, \frac{\partial V_x}{\partial z} - \frac{\partial V_z}{\partial x}, \frac{\partial V_y}{\partial x} - \frac{\partial V_x}{\partial y} \right)$$

なんだかかなり覚えにくい形してるよね…。なんで z 成分を y で偏微

分したり、y 成分を z で偏微分したりするんだろうって疑問だらけだと思う。でも、この式の覚え方自体はとても単純で、rot と文字でかくよりは**ナブラ**∇ という演算子を使ったほうがわかりやすい。

> x の偏微分、y の偏微分、z の偏微分を並べてベクトルのように扱うもの。
> $$\nabla = \left(\frac{\partial}{\partial x}, \frac{\partial}{\partial y}, \frac{\partial}{\partial z}\right)$$

そうすると、ベクトルの外積を使って、

> ▶︎❙❙ rot **V** の別の表現
> $\nabla = \left(\frac{\partial}{\partial x}, \frac{\partial}{\partial y}, \frac{\partial}{\partial z}\right)$ を使って $\nabla \times \mathbf{V}$ とも表せる

ただ、きっと難しいと感じるところはこういうところだよね。

式を覚えること自体は難しくないと思うけど…。

> **Question** どうして y 成分を x で偏微分するのか

しかもそれを引き算したりして、もっとよくわからない。

> **Question** どうして x 成分を y で偏微分して引き算するのか

その部分を詳しく説明していこう。

> 導出

いま3次元空間を適当なzの値の場所で切ろう。つまり、z軸に垂直な面を見る。そうするとxy平面が見えてくるよね。そして、このxy平面でどこか適当な点(x,y)をとる。そしてその点の周りを小さい長方形で覆うね。

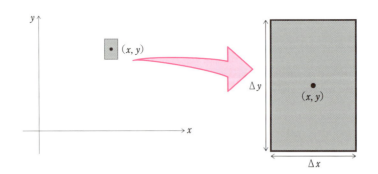

そしてこれ、横の長さΔx、縦の長さΔyの木の板だと思ってほしい。この板が水流でイメージするベクトル場の中に入ってるとしよう。そうすると、水の流れでこの木の板はグルグル回りだすかもしれないね。いまから計算するのはそういった板を回そうとする流れなんだけど、しっかり方向を意識してやっていこう。

まず、反時計回りを正として、板を回そうとする流れにはどんなものがあるか考えてみよう。

たとえば、この板の右辺の中点（●印をつけた点）に注目する。この点にあるベクトルのy成分をかいてみるね。

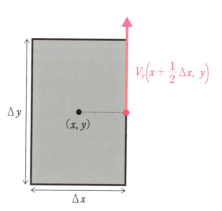

●印をつけた点が(x, y)からx方向に$\frac{1}{2}\Delta x$だけズレた場所にあるから、V_yは

$$V_y\left(x+\frac{1}{2}\Delta x, y\right)$$

とかけるわけだね。

　反対側も同じように考えて、左の辺の中点に住むベクトルの成分をかいてあげる。

　そして、この点が(x, y)からxの負方向に$\frac{1}{2}\Delta x$だけ動いているから、V_yは

$$V_y\left(x-\frac{1}{2}\Delta x, y\right)$$

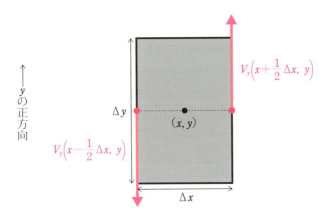

いま、これらを合計して水流がどれだけ板を回そうとしているか考えてみるね。

さっき、反時計回りを正とするって言ったから、右側については

$$V_y\left(x+\frac{1}{2}\Delta x, y\right)$$

のままでいいよね。そして、左側については y 軸正方向の向きに流れがあると、これは時計回りの方向に回す力になってしまうので、マイナスをつけてあげる。

$$V_y\left(x+\frac{1}{2}\Delta x, y\right) - V_y\left(x-\frac{1}{2}\Delta x, y\right)$$

こんな感じでね。これがいま考えている分の合計。

そして、ここまでは左右の一点で考えてきたけど、本来はこの流れが一辺の長さである Δy 分だけ続いてるよね。もちろん、辺を上下すると、そこに住んでいるベクトルは変わり得るんだけど、いまは長方形が十分小さいって考えてるから、木の板の左右に作用するベクトルはずっと同じだと思って近似してしまおう。

数学的にいうと「そのずれが、より高次の微小量になるため無視できる」ということ。

だから、これらに Δy をかけて

$$\left\{ V_y\left(x+\frac{1}{2}\Delta x, y\right) - V_y\left(x-\frac{1}{2}\Delta x, y\right) \right\} \Delta y$$

となる。これが反時計回りに木の板を動かそうとする力の一部。

　上側の面も同じように考えよう。次のページの図を見てほしいんだけど、上の辺の中点に住むベクトルの x 成分を考える。さっきとは違う色の矢印でかくね。いま x 成分を考えたから V_x となっているわけだけど、その場所は (x, y) から y 方向に $\frac{1}{2}\Delta y$ だけずれた場所だね。だから

$$V_x\left(x, y+\frac{1}{2}\Delta y\right)$$

下側も考えると、(x, y) から $-\frac{1}{2}\Delta y$ だけずれた場所だから、

$$V_x\left(x, y-\frac{1}{2}\Delta y\right)$$

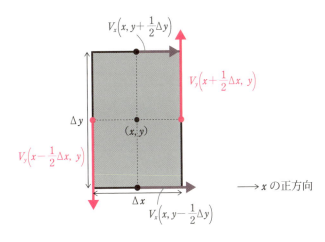

いまかいたベクトルたちも板を回そうとする力に寄与してるから、これらも計算してみよう。

下側のやつは、もし図のように正だったら反時計に回そうとするから正でカウントする。そして、上側のやつはもし図のように正になってると、時計回りに回そうとしてしまう。だから上側のものにはマイナスをつけておこう。

だから合計は

$$V_x\left(x, y - \frac{1}{2}\Delta y\right) - V_x\left(x, y + \frac{1}{2}\Delta y\right)$$

さっきと同じ理由で、これに Δx をかけたものが、上下の辺に加わる水流の合計だね。つまり、

$$\left\{V_x\left(x, y - \frac{1}{2}\Delta y\right) - V_x\left(x, y + \frac{1}{2}\Delta y\right)\right\}\Delta x$$

以上より、板を反時計回りに回そうとする流れの総和は次のようになる。

板を回そうとする流れの総和

$$= \left\{V_y\left(x + \frac{1}{2}\Delta x, y\right) - V_y\left(x - \frac{1}{2}\Delta x, y\right)\right\}\Delta y$$

$$+ \left\{V_x\left(x, y - \frac{1}{2}\Delta y\right) - V_x\left(x, y + \frac{1}{2}\Delta y\right)\right\}\Delta x$$

ここで、木の板が十分小さい長方形であることを思い出して、Δx や Δy を微小量としてテイラー展開することを考えよう。まずこの部分

$$V_y\left(x + \frac{1}{2}\Delta x, y\right) - V_y\left(x - \frac{1}{2}\Delta x, y\right)$$

に注目して、$V_y\left(x+\frac{1}{2}\Delta x, y\right)$ について二次以上の微小量を無視すれば、

$$V_y(x,y) + \frac{\partial V_y}{\partial x} \cdot \frac{1}{2}\Delta x$$

となる。$-V_y\left(x-\frac{1}{2}\Delta x, y\right)$ についても同様に、

$$-V_y(x,y) + \frac{\partial V_y}{\partial x} \cdot \frac{1}{2}\Delta x$$

とかける。これで ▢ の部分はおしまい。次に、▢ の部分について考えよう。この部分を考えるときの注意は、微小なズレがあるのはy成分であることね。だから、テイラー展開するときの微分はyについての微分になる。この点に気をつけて一次までテイラー展開をすれば、さっきの部分とまとめて、

$$\left\{V_y\left(x+\frac{1}{2}\Delta x, y\right) - V_y\left(x-\frac{1}{2}\Delta x, y\right)\right\}\Delta y$$

$$+ \left\{V_x\left(x, y-\frac{1}{2}\Delta y\right) - V_x\left(x, y+\frac{1}{2}\Delta y\right)\right\}\Delta x$$

$$\fallingdotseq \left\{V_y(x,y) + \frac{\partial V_y}{\partial x}\cdot\frac{1}{2}\Delta x - V_y(x,y) + \frac{\partial V_y}{\partial x}\cdot\frac{1}{2}\Delta x\right\}\Delta y$$

$$+ \left\{V_x(x,y) - \frac{\partial V_x}{\partial y}\cdot\frac{1}{2}\Delta y - V_x(x,y) - \frac{\partial V_x}{\partial y}\cdot\frac{1}{2}\Delta y\right\}\Delta x$$

とかける、と。共通する部分を丁寧に消していってあげれば、残るのはたったこれだけ。

$$\left(\frac{\partial V_y}{\partial x} - \frac{\partial V_x}{\partial y}\right)\Delta x\Delta y$$

とてもシンプルになったね。この式を見てわかるように、長方形のサイズが大きければ大きいほど、$\Delta x \Delta y$ が大きくなるから、この値は大きくなってしまう。ただ、自分たちはいま、その点の周りで回そうとする度合いを調べたいだけなんだよね。つまり、仮想的に考えた木の板の大きさに左右されたくない。だから板の大きさによらないように、この値を板の面積で割ってしまおう。つまり、$\Delta x \Delta y$ で割ればいい。そうすることによって木の板の面積によらない回そうとする度合いが得られて、

$$\frac{\partial V_y}{\partial x} - \frac{\partial V_x}{\partial y}$$

となるよね。

　これよく見ると rot V の z 成分になってない？　つまり、rot V の z 成分というのは、z 軸周りでどんだけ回転させようとしているかを表してるんだね。他の成分も同じで、x 軸周りに回そうとする度合いが rot V の x 成分で、y 軸周りに回そうとする度合いが rot V の y 成分になる。導出の仕方は全く同じ。

　最後に、はじめに出た疑問にしっかり答えておこう。つまり、何で x 成分を y で偏微分したり、y 成分を x で偏微分したりするのかってことなんだけど、これって V_y を考えているときはベクトルの住んでいる場所が x 方向にずれていて、V_x を考えるときには y 方向にずれていたからなんだ。計算も実際に追ってみたし、よく実感できたでしょ？

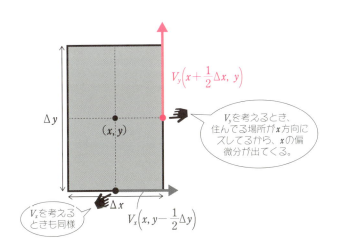

rot（回転）の意味

これでまあ
ローテーションと仲良くなれた？
え？まだ嫌い？

大丈夫、ローテーションも君のこと嫌いだからね。

お疲れさまでした。

講義No.19 板書まとめ

rot（回転）の意味

ベクトル場 $\mathbf{V} = (V_x, V_y, V_z)$ →水流でイメージせよ！

定義
$$\text{rot}\,\mathbf{V} = \left(\frac{\partial V_z}{\partial y} - \frac{\partial V_y}{\partial z},\ \frac{\partial V_x}{\partial z} - \frac{\partial V_z}{\partial x},\ \frac{\partial V_y}{\partial x} - \frac{\partial V_x}{\partial y} \right)$$

・別の表現

$\nabla = \left(\dfrac{\partial}{\partial x},\ \dfrac{\partial}{\partial y},\ \dfrac{\partial}{\partial z} \right)$ を使って $\nabla \times \mathbf{V}$ とも表すことがある

・導出

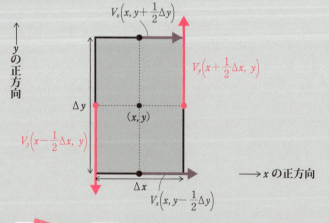

rot（回転）の意味

板を回そうとする流れの総和

$$= \left\{ V_y\left(x+\frac{1}{2}\Delta x, y\right) - V_y\left(x-\frac{1}{2}\Delta x, y\right) \right\} \Delta y$$

$$+ \left\{ V_x\left(x, y-\frac{1}{2}\Delta y\right) - V_x\left(x, y+\frac{1}{2}\Delta y\right) \right\} \Delta x$$

$$\fallingdotseq \left\{ V_y(x,y) + \frac{\partial V_y}{\partial x}\cdot\frac{1}{2}\Delta x - V_y(x,y) + \frac{\partial V_y}{\partial x}\cdot\frac{1}{2}\Delta x \right\} \Delta y$$

$$+ \left\{ V_x(x,y) - \frac{\partial V_x}{\partial y}\cdot\frac{1}{2}\Delta y - V_x(x,y) - \frac{\partial V_x}{\partial y}\cdot\frac{1}{2}\Delta y \right\} \Delta x$$

$$= \left(\frac{\partial V_y}{\partial x} - \frac{\partial V_x}{\partial y} \right) \Delta x \Delta y$$

$$\xrightarrow[\text{板の面積}]{\div \Delta x \Delta y} \frac{\partial V_y}{\partial x} - \frac{\partial V_x}{\partial y}$$

rot V の z 成分

著者紹介

東京大学大学院修士課程修了。博士課程進学とともに6年続けた予備校講師をやめ、科学のアウトリーチ活動の一環としてYouTubeチャンネル『予備校のノリで学ぶ「大学の数学・物理」』(略称：ヨビノリ)を創設。現在ではそのチャンネル登録者数は100万人を超え、累計再生回数も2億回を突破している。また、著書に『予備校のノリで学ぶ線形代数』(東京図書)、『難しい数式はまったくわかりませんが、微分積分を教えてください！』(SBクリエイティブ)、『難しい数式はまったくわかりませんが、相対性理論を教えてください！』(SBクリエイティブ)がある。

ホームページは https://yobinori.jp
Twitter は https://twitter.com/Yobinori

装丁●山崎幹雄デザイン室

予備校のノリで学ぶ大学数学〜ツマるポイントを徹底解説
Printed in Japan

2019年 6月25日 第1刷発行 © Yobinori Takumi 2019
2024年 7月10日 第7刷発行

著 者 ヨビノリたくみ
発行所 東京図書株式会社
〒102-0072 東京都千代田区飯田橋3-11-19
振替 00140-4-13803 電話 03(3288)9461
http://www.tokyo-tosho.co.jp/

ISBN 978-4-489-02316-3